Natur und Mensch

Sechs Abschnitte aus Werken von Ernst Haeckel

Ernst Haeckel

(Editor: Carl W. Neumann)

Alpha Editions

This edition published in 2022

ISBN : 9789356710528

Design and Setting By
Alpha Editions
www.alphaedis.com
Email - info@alphaedis.com

Contents

Einleitung.

Hunderttausende führen den Namen Haeckels im Munde, urteilen über ihn und sein Lebenswerk und kennen doch nichts von ihm als sein vielbefehdetes Buch von den „Welträtseln"; vielleicht auch noch außerdem ein paar kleinere Schriften. Was er vor diesen in vierzigjähriger rastloser Forscherarbeit geschaffen hat, blieb für die meisten Geheimnis. Sie wissen, daß Haeckels Name aufs engste verknüpft ist mit jener großen Bewegung, die Darwin durch sein epochemachendes Werk „Die Entstehung der Arten im Tier- und Pflanzenreiche" (1859) ins Leben rief, aber sie haben nur unklare Vorstellungen von der besonderen Art der Verdienste Ernst Haeckels. Ganz zu geschweigen von dem, was er unabhängig von Darwin in seinen voluminösen Monographien der Radiolarien, Kalkschwämme, Medusen usw. der Wissenschaft Großes geschenkt hat. Es ist daher angezeigt, der kleinen Auswahl von Abschnitten aus den bedeutendsten populären Werken des Jenaer Naturforschers, die dieses Bändchen vereinigt, wenigstens im Umriß ein Bild seines Lebens und Schaffens voranzustellen.

Ernst Haeckel wurde am 16. Februar 1834 als Sohn des Regierungsrats Karl Haeckel in Potsdam geboren, wuchs aber in Merseburg auf, wohin noch im ersten Lebensjahre des Knaben der Vater versetzt worden war. Wer Fäden sucht, die bereits aus den Tagen der Jugend ins spätere Leben und Wirken des reifen Mannes hinüberwehen, kommt nicht in Verlegenheit. Kraftstrotzender Übermut auf der einen Seite, auf der anderen die Neigung, in einsamen Wanderstunden geheime Zwiesprache zu halten mit allem, was kreucht und fleucht, grünt und blüht, sind von früh an hervorstechende Züge im Wesen des Knaben. Der Elfjährige durchstreift schon die Kreuz und die Quer das Siebengebirge, um die vermeintlich nur dort wachsende graue Erika ausfindig zu machen. Der Merseburger Gymnasiast liefert Beiträge zu Garckes „Flora Hallensis" und legt sich in seinen Mußestunden ein Doppelherbarium an, eins für die „guten Arten", die sich hübsch fügsam in Linnés System bequemen, und ein zweites für die „verdächtigen" Genera, die dann, in langer Reihe geordnet, den ununterbrochenen Übergang von einer guten Art zur anderen demonstrieren. „Es waren die von der Schule verbotenen Früchte der Erkenntnis, an denen ich in stillen Mußestunden mein geheimes, kindisches Vergnügen hatte." In Wirklichkeit rührte der Gymnasiast da schon leise an jenes große Problem von der Dauer und Wandelbarkeit der Arten, das freilich vorerst nur in der Luft lag, aber ihn später so mächtig erfassen sollte.

Als dieses „Später" im Jahre 1859 in greifbare Nähe zu rücken begann, fischte der fünfundzwanzigjährige Haeckel im Hafen von Messina nach allerlei Seetieren, vor allem nach Radiolarien, jenen trotz ihrer mikroskopischen Kleinheit so überaus reizvollen Strahltierchen mit dem vielgestaltigen, rhythmisch gewachsenen Kieselskelett, die wenige Jahre zuvor erst sein großer Lehrer Johannes Müller entdeckt hatte. Haeckel war Arzt seines Zeichens. Gehorchend dem Wunsche des Vaters — nicht seinem eigenen Triebe, der ihn vielmehr mit Macht zur Botanik drängte — hatte er in Berlin, Würzburg und Wien das medizinische Brotstudium absolviert und sich nach bestandenem Staatsexamen als praktischer Arzt in Berlin niedergelassen. Als Mann der Theorie aber fehlte ihm für die Praxis der rechte Sinn, wie er später oft scherzte, so daß ihm der Vater zur endgültigen Klärung der Berufsfrage noch ein weiteres Studienjahr in Italien, dem Land seiner Sehnsucht, bewilligte. Und dieses Jahr ward entscheidend. Das fesselnde Studium des Planktons, dem er schon früher (1854) als junger Student unter Führung Johannes Müllers auf Helgoland eine Zeitlang obgelegen hatte, schob die Botanik und Medizin nunmehr definitiv in den Hintergrund. Zoologie hieß die Losung, und schneller, als er's sich träumen mochte, sollte er Fuß in ihr fassen. Im Mai 1860 kam er zurück nach Berlin, um seine sizilianischen Planktonschätze, Zeichnungen und Präparate, im großen Stil zu bearbeiten, und ehe das Werk noch vollendet war, saß er mit Hilfe seines einstigen Würzburger Studienfreundes Karl Gegenbaur als außerordentlicher Professor in Jena. Im gleichen Jahre (1862) erschien als ein riesiger Folioband mit 35 farbigen Kupfertafeln die „Monographie der Radiolarien", die seinen Ruf als zoologischen Facharbeiter mit einem Schlage begründete, und daß auch das Tipfelchen auf dem i des Triumphes nicht fehle, verband er sich im August 1862 mit seiner „hochbegabten, feinsinnigen" Cousine Anna Sethe zu glücklichster, aber leider nur kurzer Ehe. Schon anderthalb Jahre später, gerade an seinem dreißigsten Geburtstag, entriß ihm ein jäher Tod die geliebte Frau. Dem höchsten Glück folgte fast auf dem Fuße der schwerste Schicksalsschlag, der ihn treffen konnte. In dieser trübsten Zeit aber schrieb er — höchst seltsam zu sagen — in einem Zuge das tiefste, bedeutendste Werk seines Lebens, die „Generelle Morphologie der Organismen." Zwei starke Bände mit über 1200 Seiten Text.

Noch während er an der italienischen Küste in Plankton schwelgte, erfuhr er, es sei da von England ein „ganz verrücktes" Buch nach Deutschland herübergekommen, dessen Verfasser nicht bloß das Linnésche Dogma von der Unveränderlichkeit der Arten bestreite, sondern auch an Stelle des einmaligen planvollen Schöpfungsaktes ein großes Gesetz kontinuierlicher Entwicklung des Lebens zu künden die Dreistigkeit habe: Darwins „Entstehung der Arten". Dieses ketzerische Buch, das die Fachzoologen von damals entweder ganz totschweigen oder schlankweg für „Humbug" erklärten, zog Haeckel gleich bei der ersten Lektüre ganz unwiderstehlich in seinen Bann und ließ ihn fortan nicht mehr los. Bereits in den „Radiolarien" war er ganz kurz darauf eingegangen, um dann auf der Stettiner

Naturforscherversammlung von 1863 ausführlich, und zwar in zustimmendem Sinne, zu Darwins Ideengang Stellung zu nehmen. Die große Mehrzahl der Fachgenossen war freilich noch anderer Ansicht. Ein angesehener Zoologe erklärte Darwins Buch für den „harmlosen Traum eines Nachmittagsschläfchens", ein anderer verglich die „naturphilosophischen Phantasien" mit dem Tischrücken, ein namhafter Geologe meinte, daß dem „vorübergehenden Schwindel" bald die Ernüchterung folgen müsse, und ein Anatom prophezeite, nach wenigen Jahren werde kein Mensch mehr davon sprechen. Tempora mutantur!

Auf Haeckel machte die Ablehnung so wenig Eindruck, daß er sich, obwohl tief niedergedrückt durch den Tod der geliebten Gattin (er hat später, 1868, zum zweitenmal geheiratet), mit fliegender Feder daran machte, die ganze biologische Wissenschaft, soweit sie zusammenhing mit dem Problem der Entwicklung, aus der von Darwin geschaffenen Basis ganz neu zu gruppieren und umzugestalten. Eine Art wissenschaftlichen Testaments sollte die „Generelle Morphologie" werden. Auch damals, wie dreiunddreißig Jahre später in den „Welträtseln", gedachte er mit dem Ende des Werkes einen Strich unter seine Lebensarbeit zu machen. Gelegentlich der Feier seines sechzigsten Geburtstages hat er es selber so dargestellt: „Ich lebte damals ganz als Einsiedler, gönnte mir kaum drei bis vier Stunden Schlaf täglich und arbeitete den ganzen Tag und die halbe Nacht. Dabei lebte ich in so strenger Askese, daß ich mich eigentlich wundern muß, heute noch gesund und lebendig vor Ihnen zu stehen." Durch eifrige, hastige Arbeit wollte er alle die seelischen Schmerzen betäuben, und dann — ja, was dann kommen sollte, wußte er selbst nicht. Tatsache ist aber, daß er in weniger als Jahresfrist die mehr als zwölfhundert engen Druckseiten aufs Papier brachte. Tatsache ist ferner, daß er in diesem monumentalen Werk alle, aber auch wirklich alle die wichtigen Konsequenzen schon zog und alle wesentlichen und entscheidenden Anschauungen seiner monistischen und genetischen Philosophie schon entwickelte, deren Ausbau im einzelnen sein ganzes künftiges Leben beschäftigt hat. „In der Methode naturwissenschaftlicher Forschung", sagt Bölsche sehr treffend, „bedeutet das Werk einen Markstein, an dem man die ganze Geistesarbeit der zweiten Hälfte des 19. Jahrhunderts charakterisieren und werten kann. Für die allgemeine biologische Systematik beginnt mit ihm eine neue Epoche in der Weise, wie es fünfzig Jahre vorher bei Cuvier und nochmals über fünfzig weiter zurück bei Linné der Fall gewesen war. Was es für die Zoologie im engeren Sinne ist, hat ein gewiß kompetenter Urteiler wie Richard Hertwig dreißig Jahre später in das einfache Wort zusammengefaßt: daß wenige Werke so viel beigetragen haben, das geistige Niveau der Zoologie zu heben." Im ersten Bande wurden mit Hilfe einer selbstgeschaffenen wissenschaftlichen Kunstsprache, die heute vielfach zum eisernen Bestande der Zoologie gehört, die Grundbegriffe des Lebens, der Formenbildung und -umbildung, der Individualität und natürlichen Verwandtschaft, die Gesetze der Anpassung, Vererbung und Auslese methodologisch neu festgestellt. Im zweiten Bande wurde auf Grund der vergleichenden Anatomie, der Stammesgeschichte (Phylogenie) und Keimesgeschichte (Ontogenie) der dreifache Beweis für die Abstammungslehre versucht und das Ganze gekrönt durch das von Haeckel zum erstenmal scharf formulierte und auf das gesamte Gebiet der organischen Formenwelt angewandte „biogenetische Grundgesetz", wonach die Entwicklungsgeschichte des Einzelwesens eine gedrängte, stark abgekürzte und häufig abgeänderte Wiederholung der Entwicklung des zugehörigen Stammes ist. Daß ein derartig weit in die Zukunft vorauseilendes wissenschaftliches Werk bei all seinen Vorzügen auch Unvollkommenheiten und Irrtümer aufweisen mußte, braucht kaum noch ausdrücklich betont zu werden. Kommende Jahre haben manche der Hypothesen, die Haeckel zum erstenmal aufgestellt hatte, von Grund aus verändert oder völlig verworfen, und auch er selbst ist nicht müde geworden, zu bessern und nachzuprüfen. Dem Werke selbst aber bleibt doch der Ruhm unbestritten, zum erstenmal „eine markige Skizze der belebten Natur im neuen Lichte der Entwicklungslehre und zugleich ein ganzes Programm für die biologische Forschung der nächsten Zukunft entworfen zu haben".

Im Herbst 1866 war das große Werk abgeschlossen. Physisch und geistig erschöpft, ging Haeckel, ohne erst noch das Erscheinen der „Morphologie" abzuwarten, auf Reisen, besuchte Darwin auf seinem Landsitze Down bei London und fuhr danach, den Rat seiner Freunde befolgend, nach Teneriffa, um dort unter Palmen Erholung zu suchen. In weiterer Folge ging dann die Reise nach Lanzerote, der kleinen vulkanischen Ozeaninsel, deren waldlose Kraterlandschaften stark an die Bilder vom Monde erinnern. Hier wurden in Gemeinschaft mit Richard Greeff und zwei jüngeren Zoologen vor allem Medusen und Siphonophoren (Staatsquallen) studiert, die das Meer in verschwenderischer Fülle herbeitrug, und in viermonatiger eifriger Arbeit kamen die Schätze zusammen, die Haeckel später die Abfassung seiner preisgekrönten „Entwicklungsgeschichte der Siphonophoren" (mit 14 Tafeln, 1869) ermöglichten.

Sechs Monate blieb er von Jena fern. Wenn er indessen bei seiner Heimkehr erwartet hatte, die „Generelle Morphologie" würde in der Zwischenzeit die Geister wachgerüttelt haben, so sah er sich bitter enttäuscht. Die Fachgenossen ignorierten sie völlig oder verspotteten sie als ein „Konglomerat naturwissenschaftlicher Träumereien", und die außerhalb der Fachwissenschaft stehende Leserwelt wußte auch damals so wenig wie heute von der Existenz des bedeutsamen Werkes. „Generelle Morphologie." Schon der Titel sah keineswegs aus nach sehr weiter Verbreitung. Und im übrigen galt — in einem gewissen Sinne — wohl wirklich auch das, was der

Verfasser selbst später von seinem Hauptwerke sagte: es sei zu weitschweifig und schwerfällig geschrieben gewesen.

Indessen enttäuscht sein, heißt nicht auch entmutigt sein. Wenn man den naturphilosophischen Kern aus der „Morphologie" herausschälte, die Grundzüge der Entwicklungtheorie knapp und klar, aller sachwissenschaftlichen Schwere entledigt, noch einmal für weitere Kreise populär darstellte und gleichzeitig den Stoff chronologisch anordnete, d. h. den Gang der Entwicklung des Weltganzen vom Einfachen zum Komplizierten, vom Urnebel zum Menschen herauf vorführte, so müßte es doch in der Tat seltsam zugehen, wenn einem so beschaffenen Auszug der Erfolg versagt bleiben sollte. Aus solchen Erwägungen heraus hielt Haeckel im Wintersemester 1867/68 vor einem aus Laien und Studierenden aller Fakultäten zusammengesetzten Publikum Vorträge, die 1868 als „Natürliche Schöpfungsgeschichte" auch in Buchform erschienen — damals ein einzelner schmaler Band, der im Laufe der Zeit sich verdoppelte und heute in zwölf verschiedenen Übersetzungen vorliegt. Und dieses Buch drang nun tatsächlich durch. Es wurde nicht bloß von Gebildeten aller Stände gelesen, es zwang auch die Fachgenossen des Verfassers jetzt definitiv, so oder anders sich mit der neuen Auffassung und Darstellung der Entwicklungslehre auseinanderzusetzen. Das gab dann den Anlaß zu bitteren Kämpfen und Debatten, zu kräftigen Angriffen und ebenso kräftiger Gegenwehr. Besonders das „biogenetische Grundgesetz" war der Zankapfel, der sowohl die Empiriker als auch die Philosophen aus ihrer anfänglichen Passivität aufschreckte und auf das Kampffeld rief.

Noch lebhafter aber entbrannte der Streit, als Haeckel im Jahre 1872 in seiner „Monographie der Kalkschwämme" (zwei Bände Text mit einem Atlas von 60 Bildertafeln) den „Versuch zur analytischen Lösung des Problems von der Entstehung der Arten" gemacht und dabei zum erstenmal die berühmte und fruchtbare Gasträatheorie aufgestellt hatte, d. h. die Zurückführung aller höheren Tiere mit Einschluß des Menschen auf eine uralte gemeinsame Stammform, deren ganzer Körper zeitlebens nur aus zwei Zellschichten (Haut und Magen) besteht. Das war die hypothetische Gasträa oder das Urdarmtier. Bei seinen Untersuchungen über die Keimesgeschichte der Kalkschwämme war Haeckel aufgefallen, daß sich das Kalkschwamm-Individuum in ganz ähnlicher Weise aus dem Ei entwickelt, wie er es früher schon mehrfach bei anderen Tieren beobachtet hatte. Die befruchtete Eizelle teilt sich, und die neuentstandenen Zellen setzen die Teilung so lange fort, bis sich ein ganzer Zellhaufen gebildet hat, ein „Maulbeerkeim", wie man ihn seiner äußeren Form wegen nannte. In diesem Maulbeerkeim bildet sich, da sämtliche Zellen aus Gründen der Ernährung nach außen drängen, eine Höhlung, die größer und größer wird und schließlich dem ganzen früheren Zellklumpen das Aussehen eines winzigen Gummiballs gibt; aus dem

Maulbeerkeim ist allmählich ein kugeliger „Blasenkeim“ geworden. Nun geht die Entwicklung in der Weise weiter, daß sich an einem Pol die Zellenschicht einsenkt und sich zuletzt völlig an die innere Seite der nicht eingestülpten Wand anschmiegt, so daß ein doppelwandiger Becher mit einer Öffnung zustande kommt, eine sogenannte „Gastrula“. Die äußere Zellenschicht funktioniert als Leibes-, die innere als Darmhaut; die Becheröffnung bildet den Gastrulamund. Ganz plump veranschaulichen kann man sich diesen Gastrulationsprozeß, indem man einen durchstochenen Gummiball so tief einbeult, daß Wand an Wand zu liegen kommt.

Eine Gastrulation wie die geschilderte vollzieht sich aber nicht bloß bei einer Anzahl von Schwämmen, sondern auch bei vielen Nesseltieren (Polypen, Medusen), bei Würmern, Stachelhäutern und Manteltieren, ja sogar bei dem niedrigsten Wirbeltier, dem Lanzettfisch. Ähnlich — nur die Form der Gastrula ändert sich — spielt sich der Vorgang aber auch in der Keimesgeschichte aller höheren Tiere ab, und eben auf diesem durchgängigen Vorkommen der Gastrula begründete Haeckel seine hypothetische Gasträatheorie. Inzwischen hat man auch wirklich noch lebende Tierformen entdeckt, die dem Bild jener hypothetischen Gasträa annähernd noch völlig entsprechen.

Es hat lange gedauert, bis die hier flüchtig angedeutete Gasträatheorie, die heute allgemein für eine der wichtigsten und fruchtbarsten in der ganzen Entwicklungsgeschichte gilt, sich durchsetzen konnte. Ihr Entdecker aber ließ sich auch hier durch die Gegnerschaft nicht beirren. Nachdem er die Theorie in der „Monographie der Kalkschwämme“ mitgeteilt und in den „Studien zur Gasträatheorie“ näher begründet hatte, ließ er sie einstweilen selbst für ihren Sieg sorgen und wandte sich inzwischen einer neuen großen Aufgabe zu: dem schwierigen Versuch, das biogenetische Grundgesetz in seinem ganzen Umfang auf den Menschen anzuwenden und aus den empirischen Tatsachen seiner Keimesgeschichte den historischen Stufengang seiner Stammesgeschichte hypothetisch zu ergründen. Das geschah in der „Anthropogenie oder Entwicklungsgeschichte des Menschen“, die 1874 herauskam. Erst die beiden folgenden Jahre brachten dann zwei weitere Hefte der „Studien zur Gasträatheorie“.

Die „Anthropogenie“ war zugleich eine geniale und — kühne Tat. Nicht genug, daß Haeckel als erster die gesamte Entwicklungsgeschichte des Menschen unter großen philosophischen Gesichtspunkten historisch darlegte und damit anfing, die genetische Betrachtung auch auf die Zellen, Gewebe, Organe und Funktionen auszudehnen, er besaß auch die in den Augen der „Exakten“ unerhörte Kühnheit, den spröden Stoff gemeinverständlich zu fassen, die wissenschaftlichen Geheimnisse der Embryologie einem größeren Leserkreise auszuliefern und den gebildeten Zeitgenossen schonungslos ihren tierischen Ursprung klarzumachen. Bis dahin hatte man sich begnügt, die sicheren, weil direkt wahrnehmbaren Tatsachen möglichst genau zu beschreiben; nun kam da wieder der popularisationswütige Jenenser Professor und verknüpfte auch auf dem Gebiet der menschlichen Entwicklungsgeschichte mit Tatsachen kühne genealogische Hypothesen! Die „Würde der Wissenschaft" war in Gefahr, und die Angriffe fielen abermals, wie nach dem Erscheinen der „Schöpfungsgeschichte", schneeflockendicht auf das neue Werk. In Wirklichkeit hat die Würde der Wissenschaft in den vier Jahrzehnten, die seit dem Erscheinen der „Anthropogenie" jetzt verflossen sind, so wenig darunter gelitten, wie das Werk selbst an Bedeutung verloren hat. Die beiden reich illustrierten Prachtbände, die fortgesetzt neue Auflagen erleben, gelten immer noch unbestritten als die beste zusammenhängende Darstellung des großen Wundergebiets der menschlichen Entwicklungsgeschichte, die in der gesamten naturwissenschaftlichen Literatur existiert.

Auch in der Folgezeit hat Haeckel fast unausgesetzt im schärfsten Kreuzfeuer der durch die Entwicklungslehre erzeugten Debatten gestanden. Besonders wiederum nach dem 18. September 1877, wo er in München auf der 50. Versammlung der deutschen Naturforscher und Ärzte über „Die heutige Entwicklungslehre im Verhältnis zur Gesamtwissenschaft" sprach und unter anderem forderte, die Deszendenztheorie müsse als wichtiges Bildungsmittel auch in der Schule ihren berechtigten Einfluß geltend machen — eine Rede, die Rudolf Virchow zu seinem vielbesprochenen Gegenvortrage über „Die Freiheit der Wissenschaft im modernen Staate" Veranlassung gab. Im Jahre vor jener Münchener Naturforscherversammlung hatte Haeckel in seiner Schrift: „Die Perigenesis der Plastidule oder die Wellenzeugung der Lebensteilchen" bereits zu erweisen versucht, daß das „unbewußte Gedächtnis" eine allgemeine Funktion nicht bloß der Zelle, sondern auch aller Protoplasma-Moleküle der Zelle (Plastidule) sei, mit anderen Worten: daß die Zellseele, die Grundlage der erfahrungsmäßigen Psychologie, selbst wieder zusammengesetzt sei aus den psychischen Tätigkeiten der kleinsten Teilchen des Protoplasmas: „die Plastidule ist demnach der letzte Faktor des organischen Seelenlebens". Das zog er auch jetzt, in der Münchener Rede, mit Nachdruck heran bei der Besprechung des bedeutungsvollen Umschwungs in der Beurteilung der „Seelenfrage"; ist doch die Annahme der Beseelung aller Materie ein notwendiges Postulat für die folgerichtige Durchführung der monistischen Entwicklungslehre und damit der monistischen Weltanschauung. Virchow war aber auch damit nicht einverstanden. Die Theorie der Zellseele erklärte er für ein „bloßes Spiel mit Worten", und ganz entschieden bestritt er das wissenschaftliche Bedürfnis, das Gebiet der geistigen Vorgänge über den Kreis derjenigen Körper hinaus auszudehnen, in und an denen wir sie wirklich sich darstellen sehen. „Wir haben keinen Grund, jetzt schon davon zu sprechen, daß die niedrigsten Tiere psychische Eigenschaften besitzen;

wir finden dieselben nur bei den höheren, ganz sicher nur bei den höchsten" usw. Und dann kam im Anschluß an die Bekämpfung der Zellseelentheorie die Bekämpfung der Deszendenztheorie überhaupt, nicht mit Gründen der Wissenschaft, sondern — im Staatsinteresse! „Nun stellen Sie sich einmal vor," rief der Redner emphatisch aus, „wie sich die Deszendenztheorie heute schon im Kopfe eines Sozialisten darstellt! Ja, meine Herren, das mag manchem lächerlich erscheinen, und ich will hoffen, daß die Deszendenztheorie für uns nicht alle die Schrecken bringen möge, die ähnliche Theorien wirklich im Nachbarlande angerichtet haben. Immerhin hat auch diese Theorie, wenn sie konsequent durchgeführt wird, eine ungemein bedenkliche Seite, und daß der Sozialismus mit ihr Fühlung genommen hat, wird Ihnen hoffentlich nicht entgangen sein." Zuletzt resumierte sich Virchow dahin, daß man nicht lehren und es nicht als eine Errungenschaft der Wissenschaft bezeichnen könne, „daß der Mensch vom Affen oder von irgendeinem anderen Tier abstamme". Heute schütteln wir lächelnd den Kopf über all diese Velleitäten. Damals jedoch galt die Virchowsche Rede für eine „moralische Tat" sondergleichen, die auf Jahrzehnte hinaus allen grundsätzlichen Gegnern der Abstammungslehre ein Ansporn zu doppeltem Eifer in ihrer Bekämpfung wurde.

Haeckel hat im Jahre 1878 in seiner Schrift „Freie Wissenschaft und freie Lehre" ausführlich auf Virchows Münchener Rede geantwortet, im übrigen aber auch die Entscheidung dieses Streites der Zukunft anheimgegeben. Nur ganz gelegentlich ist er später auf die Debatten zurückgekommen, vor allem in seinen Berliner Vorträgen; „Der Kampf um den Entwicklungsgedanken" (1905). Ihn lockten zunächst wieder wichtigere und fruchtbarere Aufgaben.

Schon 1864 und 1865 waren im Anschluß an die „Monographie der Radiolarien" die ersten Teile eines umfangreichen Prachtwerkes über die Medusen erschienen, deren Studium Haeckel seit den Tagen von Helgoland immer von neuem entzückt hatte. Jetzt galt es nicht bloß den Abschluß dieses Werkes, dessen erster Band 1879 unter dem Titel „Das System der Medusen" (mit 40 Tafeln in Farbendruck) und dessen zweiter (mit 32 Tafeln) 1881 unter dem Titel „Die Tiefsee-Medusen der Challengerreise und der Organismus der Medusen" herauskam, jetzt galt es auch die mikroskopische Durchforschung der riesigen Radiolarienschätze und weiter der Siphonophoren und Tiefsee-Hornschwämme, die die berühmte wissenschaftliche Expedition der englischen Korvette „Challenger" in den Jahren 1873 bis 1876 gesammelt und deren Bearbeitung die englische Regierung Haeckel anvertraut hatte. Zehn Jahre mühsamer Arbeit verflossen, bis das neue große Radiolarienwerk (2750 Seiten Text und 140 Tafeln) zum Abschluß gebracht war, zwei weitere Jahre, bis auch das „System der Siphonophoren" (mit 50 Farbendrucktafeln) und die „Tiefsee-Hornschwämme" (mit 8 Tafeln) erscheinen konnten. Besonders das

Radiolarienwerk ist bewundernswert. 810 Arten waren bekannt, als Haeckel 1877 die Arbeit in Angriff nahm; als er zehn Jahre später den Abschlußstrich machte, hatte er 3508 neue Arten hinzuentdeckt! Alle diese zauberhaft schönen, mikroskopisch kleinen Meeresgeschöpfe hatte sein Ordnungssinn nicht nur benannt und beschrieben, sondern nach wissenschaftlichen Grundsätzen auch übersichtlich gruppiert und nach Verwandtschaftsgraden in ein System von 85 Familien, 20 Ordnungen, 4 Legionen und 2 Unterklassen gebracht. Welch beispielloses Gedächtnis, welch kritisches Unterscheidungsvermögen war dazu nötig! Und welch ein künstlerisch geschulter Blick war erforderlich, um die subtilen und schwierigen Formen dann auch im Bilde noch festzuhalten! Nur einmal noch in seinem späteren Leben gelang ihm ein gleich phänomenales Werk, wenn auch anderer Art: die dreibändige „Systematische Phylogenie", der Entwurf eines natürlichen Systems der Organismen auf Grund ihrer Stammesgeschichte, der 1896 vollendet wurde. „Man mag im einzelnen, ja in Hauptpunkten verschiedener Ansicht sein," sagt darüber der Züricher Zoologe Professor Arnold Lang, „aber staunend und bewundernd müssen wir stehen vor diesem Werke, staunend über die ungeheure Fülle des Wissens, die sich in diesem Umfange vielleicht nie mehr in einem Kopfe vereinigen wird, bewundernd vor der geistigen Arbeit, mit welcher einerseits die unzähligen Einzelerscheinungen verknüpft werden und anderseits der ganze riesige Stoff in formal vollendeter Weise übersichtlich gegliedert wird."

Von allen diesen hervorragenden Gaben des unermüdlichen Spezialforschers und Detailarbeiters Haeckel weiß in der Regel der Laie nichts oder so gut wie nichts. Für ihn kommt zunächst nur der „populäre" Verfasser der „Natürlichen Schöpfungsgeschichte", der „Welträtsel" und „Lebenswunder" in Frage. Zumal der Verfasser der „Welträtsel", der sich vermaß, über irdische und himmlische Dinge so temperamentvoll sein Urteil abzugeben. Höchstens daß dieser und jener auch noch das verdienstvolle Tafelwerk der „Kunstformen der Natur" kennt, in dem vom Standpunkt des Ästhetikers die wundersamen Kunstgebilde der Radiolarien, Schwämme, Siphonophoren usw., aber auch die aus der höheren Tier- und Pflanzenwelt als vorbildlicher Ornamentenschatz für das moderne Kunstgewerbe zusammengestellt sind. Kein Wunder deshalb, daß man auch unter Gebildeten vielfach den schiefsten und ungerechtesten Urteilen begegnet, sobald einmal auf Haeckel und dessen Wirken und Schaffen die Rede kommt.

Allein schon die rein quantitative Arbeitsleistung dieses Mannes muß mit Bewunderung erfüllen. Wenn man erwägt, daß außer den genannten populären und wissenschaftlichen Werken, die er von Auflage zu Auflage stets neu zu bearbeiten und zu verbessern bestrebt war, noch eine Menge kleinerer Aufsätze und Abhandlungen seiner Feder entflossen sind, und daß neben all diesem noch seine Lehrtätigkeit an der Jenaer Hochschule und seine alljährlichen Forschungsreisen einhergingen, so muß angesichts solcher Schaffenskraft selbst den Arbeitsfreudigsten ein gelindes Gruseln anwehen. Hinzu kommt aber noch, daß Haeckel auch die Originale seiner wundervollen Farbendrucktafeln, von denen allein die großen Monographien rund 360 an der Zahl aufweisen, großenteils selbst aquarelliert hat, wobei ihm sein hochentwickeltes Zeichen- und Maltalent sehr zustatten kam.

Wie sehr übrigens Haeckel stets Forscher und Künstler in einer Person war, das zeigen am besten seine weit über tausend farbenprächtigen „Wanderbilder", von denen ein kleiner Teil unter diesem Titel erschienen ist. Wohin seine Forschungsreisen ihn immer auch führten — und er hat mehr als dreißig in seinem Leben gemacht — immer und überall war das Malzeug sein Weggefährte. Hatte die Feder ihr Pensum vollendet oder fühlte der Forscher sich abgespannt von der mühsamen zoologischen Facharbeit, so dürstete die Seele des Künstlers, des Ästhetikers dann um so glühender nach einem Trunk aus dem sprudelnden Quell der Gesamtnatur, und er ruhte nicht eher, als bis er ihr irgendein Stück ihrer Schönheit mit Stift oder Pinsel entwunden hatte. Auf dem blauen Meer wie auf ragenden Berggipfeln, unter den sengenden Strahlen der Tropensonne wie im Schatten des Urwalddickichts, in den russischen Steppen wie im nordischen Fjord — allüberall war der nimmersatte Schönheitssucher in Haeckel dem Forscher ein steter Begleiter. Seine mit Hildebrandtscher Farbenglut gemalten Wanderbilder muß man gesehen, seine formvollendeten reichillustrierten Reisebücher „Arabische Korallen", „Indische Reisebriefe" und „Aus Insulinde" muß man gelesen haben, um seinen heiligen Enthusiasmus für alles Wahre, Schöne und Gute dem ganzen Umfange nach zu begreifen.

In wundervoller Geschlossenheit liegt heute das arbeits- und früchtereiche Lebenswerk Haeckels vor unseren Augen, das Lebenswerk eines Forschers, Künstlers und Philosophen. Und das eines Kämpfers, wie man hinzufügen darf. Niemand kann leugnen, daß er bei all seiner Genialität recht oft auch gefehlt hat wie ein ganz sterblicher Mensch, daß ihm sein heißes Temperament oft die Sehweite kürzte und daß seine Philosophie, seine Weltanschauung an Lücken und Schwächen nicht arm ist. Jeder hat die Philosophie, die in ihm ist. Er hat die seine, die aus dem fruchtbaren Boden der Erfahrungswissenschaften hervorgewachsen und deshalb allen rein spekulativen Erkenntnistheorien wenig hold ist. Er hat sie zum Abschluß gebracht und ist glücklich darin. Ihm ist es genug, das Unerforschte so in die Enge getrieben zu haben, daß es sich wie von selbst ihm ergeben muß. Aber niemand, der wirklich sein Lebenswerk kennt, kann auch leugnen, daß Haeckels ganze fünfzigjährige Beschäftigung mit der Natur und Hingebung an die Natur, daß sein ganzes Forschen und Denken nichts anderes war als ein Ausfluß religiösen Sehnens, als Herzenssache, Gemütssache. Ihm, der der Wahrheit um ihrer selbst willen nachspürte, war ganz notwendig das Wahre identisch mit dem Göttlichen.

Ernst Haeckel kann, wenn er die Inventur seines Lebens macht, wohl zufrieden sein. Das höchste Glück der Erdenkinder hat er erreicht und gewährt: das Glück der Persönlichkeit, und seinen Namen hat er mit unvergänglichen Lettern tief eingegraben in die Annalen der Menschheitsgeschichte. „Spätere Generationen", sagt Wilhelm Bölsche, auf dessen ausgezeichnete Biographie des Gelehrten der Leser ausdrücklich verwiesen sei, „werden uns um einen Mann wie Haeckel beneiden. Von anderen wird man Folianten wälzen, zum Nachschlagen, ohne auf das Titelblatt mit dem Namen zu achten. Bei ihm wird man den Namen suchen. Von seiner geistigen Persönlichkeit wird man sich erzählen. Daß man mit ihm streiten konnte, wird man verstehen. Daß Zeitgenossen seine Größe nicht sahen — dafür wird man nur ein Achselzucken haben."

*

Die sechs kurzen Abschnitte aus einigen der bedeutendsten gemeinverständlichen Werke Ernst Haeckels, die dieses Sammelbändchen vereinigt, vermögen natürlich nur einen schwachen Begriff von der wissenschaftlichen Gesamtleistung des berühmten Naturforschers zu vermitteln. Wenn sie dem einen oder anderen Welträtsel-Leser, dem einen oder anderen für Fragen der Naturwissenschaft Interessierten zum Anlaß werden, die Werke selbst in die Hand zu nehmen, ist ihr Hauptzweck erreicht. Nichtsdestoweniger ist zu erwarten, daß die Lektüre der einzelnen Kapitel auch an und für sich jedem Leser genußreiche und anregende Stunden bescheren wird.

Die ersten beiden Abschnitte „Inhalt und Bedeutung der Abstammungslehre" und „Schöpfungsperioden und Schöpfungsurkunden" sind der „Natürlichen Schöpfungsgeschichte" (11. Auflage, 1911, Verlag von Georg Reimer in Berlin) entnommen. Es sind zwei von den dreißig darin vereinigten Vorträgen über die Entwicklungslehre im allgemeinen und die von Darwin, Goethe und Lamarck im besonderen, Vorträge, die selbst dem ohne jede wissenschaftliche Vorbildung an sie herantretenden Laien verständlich sind. Der dritte Abschnitt über „Die Gasträatheorie" dagegen will schon ein bißchen „studiert" sein, wie klar und anschaulich Haeckel das schwierige Thema auch zu behandeln verstanden hat. Wenn wir unter den dreißig Vorträgen der „Anthropogenie oder Entwicklungsgeschichte des Menschen" (6. Auflage, 1911. Verlag von Wilhelm Engelmann in Leipzig) gerade diesen zum Abdruck erwählten, so geschah es, weil er im Rahmen des zweibändigen Werkes noch wiederum ein Stück besonderen Eigenwerks darstellt, insofern Ernst Haeckel selbst, wie schon ausgeführt wurde, der

Entdecker der bedeutsamen Gasträatheorie ist. Der Abschnitt „Erfahrung und Erkenntnis", in dem der Verfasser im Anschluß an Schleiden und Johannes Müller ein für allemal programmatisch seinen Standpunkt zur Naturphilosophie festlegte, entstammt der 1866 erschienenen „Generellen Morphologie" (von der ein teilweiser, unveränderter Abdruck unter dem Titel „Prinzipien der Generellen Morphologie der Organismen" 1906 bei Georg Reimer herausgekommen ist), der Abschnitt „Arabische Korallen" dem kleinen, durch zahlreiche Abbildungen und farbenfreudige Aquarell-Reproduktionen geschmückten Prachtbande gleichen Titels, in dem Ernst Haeckel 1875 seinen Ausflug nach den Korallenbänken des Roten Meeres beschrieb, zugleich einen Blick in das Leben der Korallentiere erschließend (Verlag von Georg Reimer). In dieser unübertrefflich lebendigen Schilderung, nicht minder in der ihr folgenden über „Brussa und den asiatischen Olymp", kommt neben dem Naturforscher in Haeckel vor allem der feinempfindende Ästhetiker zur Geltung, der schönheitsuchende Künstler wie der Meister des Worts.

Für die Erlaubnis zur Wiedergabe des Aufsatzes über „Brussa", der 1875 in der Deutschen Rundschau erschien und seitdem nicht wieder abgedruckt wurde, bin ich Sr. Exzellenz Herrn Geheimrat Haeckel zu besonderem Danke verpflichtet, für die Genehmigung zum Nachdruck der übrigen Abschnitte außerdem den Herren Verlagsbuchhändlern Dr. de Gruyter (i. Fa.: Georg Reimer) und Wilhelm Engelmann.

Leipzig, Ostern 1912.

Carl W. Neumann.

Natur und Mensch.

I.
Inhalt und Bedeutung der Abstammungslehre.

Die geistige Bewegung, zu welcher der englische Naturforscher Charles Darwin im Jahre 1859 durch sein berühmtes Werk „Über die Entstehung der Arten“[1] den Anstoß gab, hat während des seitdem verflossenen kurzen Zeitraums eine beispiellose Tiefe und Ausdehnung gewonnen. Allerdings ist die in jenem Werke dargestellte naturwissenschaftliche Theorie (gewöhnlich kurzweg die Darwinsche Theorie oder der Darwinismus genannt) nur ein Bruchteil einer viel umfassenderen Wissenschaft, nämlich der universalen Entwicklungslehre, welche ihre unermeßliche Bedeutung über das ganze Gebiet aller menschlichen Erkenntnis erstreckt. Allein die Art und Weise, in welcher Darwin die letztere durch die erstere fest begründet hat, ist so überzeugend, und die entscheidende Wendung, welche durch die notwendigen Folgeschlüsse jener Theorie in der gesamten Weltanschauung der Menschheit angebahnt worden ist, muß jedem tiefer denkenden Menschen so gewaltig erscheinen, daß man ihre allgemeine Bedeutung nicht hoch genug anschlagen kann. Ohne Zweifel muß diese ungeheure Erweiterung unseres menschlichen Gesichtskreises unter allen den zahlreichen und großartigen wissenschaftlichen Fortschritten unserer Zeit als der bei weitem folgenschwerste und wichtigste angesehen werden.

Wenn man das 19. Jahrhundert mit Recht das Zeitalter der Naturwissenschaften nennt, wenn man mit Stolz auf die unermeßlich bedeutenden Fortschritte in allen Zweigen derselben blickt, so pflegt man dabei gewöhnlich weniger an die Erweiterung unserer allgemeinen Naturerkenntnis, als vielmehr an die unmittelbaren praktischen Erfolge jener Fortschritte zu denken. Man erwägt dabei die völlige und unendlich folgenreiche Umgestaltung des menschlichen Verkehrs, welche durch das entwickelte Maschinenwesen, durch die Eisenbahnen, Dampfschiffe, Telegraphen, Telephone und andere Erfindungen der Physik hervorgebracht worden ist. Oder man denkt an den mächtigen Einfluß, welchen die Chemie in der Heilkunst, in der Landwirtschaft, in allen Künsten und Gewerben gewonnen hat. Wie hoch Sie aber auch diese Einwirkung der neueren Naturwissenschaft auf das praktische Leben anschlagen mögen, so muß dieselbe, von einem höheren und allgemeineren Standpunkt aus gewürdigt, doch hinter dem ungeheuren Einfluß zurückstehen, welchen die theoretischen Fortschritte der heutigen Naturwissenschaft auf das gesamte Erkenntnisgebiet des Menschen, auf seine ganze Weltanschauung und Geistesbildung notwendig ausüben. Denken Sie nur an den unermeßlichen Umschwung aller unserer theoretischen Anschauungen, welchen wir der allgemeinen Anwendung des Mikroskops verdanken. Denken Sie allein an die Zellentheorie, die uns die scheinbare Einheit des menschlichen Organismus als das zusammengesetzte Resultat aus der staatlichen Verbindung von Milliarden elementarer Lebenseinheiten, der Zellen, nachweist. Oder erwägen Sie die ungeheure Erweiterung unseres theoretischen Gesichtskreises, welche wir der Spektralanalyse, der Lehre von der Wärmemechanik und von der Erhaltung der Kraft verdanken. Unter allen diesen bewunderungswürdigen theoretischen Fortschritten nimmt aber jedenfalls unsere heutige Entwicklungslehre bei weitem den höchsten Rang ein.

Jeder von Ihnen wird den Namen Darwin gehört haben, aber die meisten werden wahrscheinlich nur unvollkommene Vorstellungen von dem eigentlichen Werte seiner Lehre besitzen. Denn wenn man alles vergleicht, was seit dem Erscheinen seines epochemachenden Hauptwerks über dasselbe geschrieben worden ist, so muß demjenigen, der sich nicht näher mit den organischen Naturwissenschaften befaßt hat, der nicht in die inneren Geheimnisse der Zoologie und Botanik eingedrungen ist, der Wert jener Theorie doch zweifelhaft erscheinen. Die Beurteilung derselben ist voll von Widersprüchen und Mißverständnissen. Daher hat selbst jetzt, fünfzig Jahre nach dem Erscheinen von Darwins Werk, dasselbe noch nicht allgemein diejenige volle Bedeutung erlangt, welche ihm von Rechts wegen gebührt, und welche es jedenfalls früher oder später erlangen wird. Die meisten von den zahllosen Schriften, welche für und gegen den Darwinismus während dieses Zeitraums veröffentlicht wurden, lassen den erforderlichen Grad von biologischer, und besonders von zoologischer Bildung vermissen. Obwohl jetzt alle bedeutenden Naturforscher der Gegenwart zu den Anhängern jener Theorie gehören, haben doch nur wenige derselben Geltung und Verständnis in weiteren Kreisen zu verschaffen gesucht. Daher rühren die befremdenden Widersprüche und die seltsamen Urteile, die man noch heute vielfach über den Darwinismus hören kann. Gerade dieser Umstand hat mich vorzugsweise bestimmt, die Darwinsche Theorie und die damit zusammenhängenden weiteren Lehren zum Gegenstand allgemein verständlicher Vorträge zu machen. Ich halte es für die Pflicht der Naturforscher, daß sie nicht allein in dem engeren Kreise ihrer Fachwissenschaft auf Verbesserungen und Entdeckungen sinnen, daß sie sich nicht allein in das Studium des Einzelnen mit Liebe und Sorgfalt vertiefen, sondern daß sie auch die wichtigen, allgemeinen Ergebnisse ihrer besonderen Studien für das Ganze nutzbar machen, und daß sie naturwissenschaftliche Bildung in weiten Kreisen verbreiten helfen. Der höchste Triumph des menschlichen Geistes, die wahre Erkenntnis der allgemeinsten Naturgesetze, darf nicht das Privateigentum einer privilegierten Gelehrtenkaste bleiben, sondern muß segensreiches Gemeingut der ganzen gebildeten Menschheit werden.

Die Theorie, welche durch Darwin an die Spitze unserer Naturerkenntnis gestellt worden ist, pflegt man gewöhnlich als Abstammungslehre oder Deszendenztheorie zu bezeichnen. Andere nennen sie Umbildungslehre oder Transmutationstheorie oder auch kurz: Transformismus. Beide Bezeichnungen sind richtig. Denn diese Lehre behauptet, daß alle verschiedenen Organismen (d. h. alle Tierarten und Pflanzenarten, welche jemals auf der Erde gelebt haben, und noch jetzt leben) von einer einzigen oder von wenigen höchst einfachen Stammformen abstammen, und daß sie sich aus diesen auf dem natürlichen Wege allmählicher Umbildung langsam entwickelt haben. Obwohl diese Entwicklungstheorie schon im Anfange unseres Jahrhunderts von verschiedenen großen Naturforschern, insbesondere von Lamarck und Goethe, aufgestellt und verteidigt wurde, hat sie doch erst im Jahre 1859 durch Darwin ihre vollständige Ausbildung und ihre ursächliche Begründung erfahren. Dies ist der Grund, weshalb sie oft ausschließlich (obwohl nicht ganz richtig) als Darwins Theorie bezeichnet wird.

Der unschätzbare Wert der Abstammungslehre erscheint in verschiedenem Lichte, je nachdem Sie bloß deren nähere Bedeutung für die organische Naturwissenschaft, oder aber ihren weiteren Einfluß auf die gesamte Welterkenntnis des Menschen in Betracht ziehen. Die organische Naturwissenschaft oder die Biologie, welche als Zoologie die Tiere, als Botanik die Pflanzen zum Gegenstand ihrer Erkenntnis hat, wird durch die Abstammungslehre von Grund aus umgestaltet. Denn durch die Deszendenztheorie lernen wir die wahren wirkenden Ursachen der organischen Formerscheinungen erkennen, während die bisherige Tier- und Pflanzenkunde sich überwiegend mit der Kenntnis ihrer Tatsachen beschäftigte. Man kann daher auch die Abstammungslehre als die mechanische Erklärung der organischen Form-Erscheinungen oder als „die Lehre von den wahren Ursachen in der organischen Natur“ bezeichnen.

Da ich nicht voraussetzen kann, daß Ihnen allen die Ausdrücke „organische und anorganische Natur“ geläufig sind, und da uns die Gegenüberstellung dieser beiderlei Naturkörper in der Folge noch vielfach beschäftigen wird, so muß ich ein paar Worte zur Verständigung darüber vorausschicken. Organismen oder organische Naturkörper nennen wir alle Lebewesen oder belebten Körper, also alle Pflanzen und Tiere, den Menschen mit inbegriffen, weil bei ihnen fast immer eine Zusammensetzung aus verschiedenartigen Teilen (Werkzeugen oder „Organen“) nachzuweisen ist; diese Organe müssen zusammenwirken, um die Lebenserscheinungen hervorzubringen. Eine solche Zusammensetzung vermissen wir dagegen bei den Anorganen oder anorganischen Naturkörpern, den sogenannten toten oder unbelebten Körpern, den Mineralien oder Gesteinen, dem Wasser, der atmosphärischen Luft usw. Die Organismen enthalten stets eiweißartige

Kohlenstoffverbindungen in weichem oder „festflüssigem“ Zustande, während diese den Anorganen stets fehlen. Auf diesem wichtigen Unterschiede beruht die Einteilung der gesamten Naturwissenschaft in zwei große Hauptabteilungen, in die Biologie oder Wissenschaft von den Organismen (Anthropologie, Zoologie und Botanik) und die Anorgologie oder Abiologie, die Wissenschaft von den Anorganen (Mineralogie, Geologie, Hydrographie, Meteorologie usw.).

Die unvergleichliche Bedeutung der Abstammungslehre für die Biologie liegt also vorzugsweise darin, daß sie uns die Entstehung der organischen Formen auf mechanischem Wege erklärt und deren wirkende Ursachen nachweist. So hoch man aber auch mit Recht dieses Verdienst der Deszendenztheorie anschlagen mag, so tritt dasselbe doch fast zurück vor der unermeßlichen Wichtigkeit, welche eine einzige notwendige Folgerung derselben für sich allein in Anspruch nimmt. Diese unvermeidliche Folgerung ist die Lehre von der tierischen Abstammung des Menschengeschlechts.

Die Bestimmung der Stellung des Menschen in der Natur und seiner Beziehungen zur Gesamtheit der Dinge, diese Frage aller Fragen für die Menschheit, wie sie Huxley mit Recht genannt hat, wird durch jene Erkenntnis der tierischen Abstammung des Menschengeschlechts endgültig gelöst. Wir gelangen also durch den Transformismus oder die Deszendenztheorie zum erstenmal in die Lage, eine natürliche Entwicklungsgeschichte des Menschengeschlechts wissenschaftlich begründen zu können. Sowohl alle Verteidiger als alle denkenden Gegner Darwins haben anerkannt, daß die Abstammung des Menschengeschlechts zunächst von affenartigen Säugetieren, weiterhin aber von niederen Wirbeltieren, mit Notwendigkeit aus seiner Theorie folgt.

Allerdings hat Darwin diese wichtigste von allen Folgerungen seiner Lehre nicht sofort selbst ausgesprochen. In seinem Werke von der „Entstehung der Arten“ ist die tierische Abstammung des Menschen nicht erörtert. Der ebenso vorsichtige als kühne Naturforscher ging damals absichtlich mit Stillschweigen darüber hinweg, weil er voraussah, daß dieser bedeutendste von allen Folgeschlüssen der Abstammungslehre zugleich das größte Hindernis für die Verbreitung und Anerkennung derselben sein werde. Gewiß hätte Darwins Buch von Anfang an noch weit mehr Widerspruch und Ärgernis erregt, wenn sogleich diese wichtigste Konsequenz darin klar ausgesprochen worden wäre. Erst zwölf Jahre später, in dem 1871 erschienenen Werke über „Die Abstammung des Menschen und die geschlechtliche Zuchtwahl“[2] hat Darwin jenen weitreichendsten Folgeschluß offen anerkannt, und ausdrücklich seine volle Übereinstimmung mit den Naturforschern erklärt, welche denselben inzwischen schon selbst gezogen hatten. Offenbar ist die Tragweite dieser Folgerung ganz unermeßlich, und keine Wissenschaft wird sich den Konsequenzen derselben entziehen können. Die Anthropologie oder die Wissenschaft vom Menschen, und infolgedessen auch die ganze Philosophie, wird in allen einzelnen Zweigen dadurch von Grund aus umgestaltet.

Um es mit einem Satze auszudrücken, so ist jene bedeutungsvolle, aber die meisten Menschen von vornherein abstoßende Folgerung nichts weiter als ein besonderer Deduktionsschluß, den wir aus dem sicher begründeten allgemeinen Induktionsgesetze der Deszendenztheorie nach den strengen Geboten der unerbittlichen Logik notwendig ziehen müssen.

Vielleicht ist nichts geeigneter, Ihnen die ganze und volle Bedeutung der Abstammungslehre mit zwei Worten klarzumachen, als die Bezeichnung derselben mit dem Ausdruck: „Natürliche Schöpfungsgeschichte". Jedoch ist dieselbe nur in einem gewissen Sinne richtig; denn streng genommen schließt der Ausdruck „natürliche Schöpfungsgeschichte" einen inneren Widerspruch, eine contradictio in adjecto ein. Lassen Sie uns, um dies zu verstehen, einen Augenblick den zweideutigen Begriff der Schöpfung etwas näher ins Auge fassen. Wenn man unter Schöpfung die Entstehung eines Körpers durch eine schaffende Gewalt oder Kraft versteht, so kann man dabei entweder an die Entstehung seines Stoffes (der körperlichen Materie) oder an die Entstehung seiner Form (der körperlichen Gestalt) denken.

Die Schöpfung im ersteren Sinne, als die Entstehung der Materie, geht uns hier gar nichts an. Dieser Vorgang, wenn er überhaupt jemals stattgefunden hat, ist gänzlich der menschlichen Erkenntnis entzogen, er kann daher auch niemals Gegenstand naturwissenschaftlicher Erforschung sein. Die Naturwissenschaft hält die Materie für ewig und unvergänglich, weil durch die Erfahrung noch niemals das Entstehen oder Vergehen auch nur des kleinsten Teilchens der Materie nachgewiesen worden ist. Da wo ein Naturkörper zu verschwinden scheint, wie z. B. beim Verbrennen, beim Verwesen, beim Verdunsten usw., da ändert er nur seine Form, seinen physikalischen Aggregatzustand oder seine chemische Verbindungsweise. Ebenso beruht die Entstehung eines neuen Naturkörpers, z. B. eines Kristalles, eines Pilzes, eines Infusoriums nur darauf, daß verschiedene Stoffteilchen, welche vorher in einer gewissen Form oder Verbindungsweise existierten, infolge von veränderten Existenzbedingungen eine neue Form oder Verbindungsweise annehmen. Aber noch niemals ist der Fall beobachtet worden, daß auch nur das kleinste Stoffteilchen aus der Welt verschwunden, oder nur ein Atom zu der bereits vorhandenen Masse hinzugekommen wäre. Der Naturforscher kann sich daher ein Entstehen der Materie ebensowenig als ein Vergehen derselben vorstellen; er betrachtet die in der Welt bestehende Quantität der Materie als eine gegebene feste Tatsache. Fühlt jemand das Bedürfnis, sich die Entstehung dieser Materie als die Wirkung einer übernatürlichen Schöpfungstätigkeit, einer außerhalb der

Materie stehenden schöpferischen Kraft vorzustellen, so haben wir nichts dagegen. Aber wir müssen bemerken, daß damit auch nicht das geringste für eine wissenschaftliche Naturkenntnis gewonnen ist. Eine solche Vorstellung von einer immateriellen Kraft, welche die Materie erst schafft, ist ein Glaubensartikel, welcher mit der menschlichen Wissenschaft gar nichts zu tun hat. Wo der mystische Glaube anfängt, hört die echte Wissenschaft auf. Beide Tätigkeiten des menschlichen Geistes sind scharf voneinander zu halten. Der Glaube an übernatürliche Vorgänge hat seinen Ursprung in der dichtenden Einbildungskraft, das klare Wissen dagegen in dem erkennenden Verstande des Menschen. Die Wissenschaft hat die segenbringenden Früchte von dem Baume der Erkenntnis zu pflücken, unbekümmert darum, ob dadurch die dichterischen Einbildungen der Glaubenschaft beeinträchtigt werden oder nicht.

Wenn also die Naturwissenschaft sich die „natürliche Schöpfungsgeschichte" zu ihrer höchsten, schwersten und lohnendsten Aufgabe macht, so kann sie den Begriff der Schöpfung nur in der zweiten, oben angeführten Bedeutung verstehen, als die Entstehung der Form der Naturkörper. In diesem Sinne kann man die Geologie die Schöpfungsgeschichte der Erde nennen; denn sie sucht die Entstehung der geformten anorganischen Erdoberfläche und die mannigfaltigen geschichtlichen Veränderungen in der Gestalt der festen Erdrinde zu erforschen. Ebenso kann man die Entwicklungsgeschichte der Tiere und Pflanzen, welche die Entstehung der belebten Formen und den mannigfaltigen historischen Wechsel der tierischen und pflanzlichen Gestalten untersucht, die Schöpfungsgeschichte der Organismen nennen. Da jedoch in den Begriff der Schöpfung sich immer leicht die unwissenschaftliche Vorstellung von einem außerhalb der Materie stehenden und dieselbe umbildenden Schöpfer einschleicht, so wird es in Zukunft wohl besser sein, denselben durch die strengere Bezeichnung der Entwicklung zu ersetzen.

Der hohe Wert, welchen die Entwicklungsgeschichte für das wissenschaftliche Verständnis der Tier- und Pflanzenformen besitzt, ist seit einem halben Jahrhundert allgemein anerkannt; man kann ohne sie in der organischen Morphologie oder Formenlehre keinen sicheren Schritt mehr tun. Jedoch hat man vor 1866 unter Entwicklungsgeschichte nur einen Teil dieser Wissenschaft, nämlich diejenige der organischen Individuen oder Einzelwesen verstanden, die sogenannte Embryologie, richtiger und umfassender Ontogenie genannt. Außer dieser gibt es aber auch noch eine Entwicklungsgeschichte der organischen Arten, Klassen und Stämme (Phylen); und diese steht zu der ersteren in den wichtigsten Beziehungen. Das Material dafür liefert die Versteinerungskunde oder Paläontologie. Diese lehrt uns, daß jedes organische Phylum, jeder Stamm des Tier- und

Pflanzenreichs, während der verschiedenen Perioden der Erdgeschichte durch eine Reihe von ganz verschiedenen Klassen und Arten vertreten wird. So ist z. B. der Stamm der Wirbeltiere durch die Klassen der Fische, Amphibien, Reptilien, Vögel und Säugetiere vertreten und jede dieser Klassen zu verschiedenen Zeiten durch ganz verschiedene Arten. Diese paläontologische Entwicklungsgeschichte der Organismen kann man als Stammesgeschichte oder Phylogenie bezeichnen; sie steht in den wichtigsten und merkwürdigsten Beziehungen zu dem anderen Zweige der organischen Entwicklungsgeschichte, zur Keimesgeschichte oder Ontogenie. Die letztere läuft der ersteren im großen und ganzen parallel. Um es kurz mit einem Satze zu sagen, so ist die individuelle Entwicklungsgeschichte eine schnelle, durch die Gesetze der Vererbung und Anpassung bedingte Wiederholung der langsamen paläontologischen Entwicklungsgeschichte; die Ontogenie ist ein kurzer Auszug oder eine Rekapitulation der Phylogenie. Das ist unser biogenetisches Grundgesetz (1866), das einzig und allein durch die Abstammungslehre erklärt und in seinen Ursachen verstanden werden kann; ohne dieselbe bleibt es ganz unverständlich und unerklärlich.

Die Deszendenztheorie zeigt uns zugleich, warum überhaupt die einzelnen Tiere und Pflanzen sich entwickeln müssen, warum dieselben nicht gleich in fertiger und entwickelter Form ins Leben treten. Keine übernatürliche Schöpfungsgeschichte vermag uns das große Rätsel der organischen Entwicklung irgendwie zu erklären. Ebenso wie auf diese hochwichtige Frage gibt uns der Transformismus auch auf alle anderen allgemeinen biologischen Fragen befriedigende Antworten, und zwar sind diese Antworten rein mechanisch-kausaler Natur; sie weisen lediglich natürliche, physikalisch-chemische Kräfte als die Ursachen von Erscheinungen nach, die man früher gewohnt war, der unmittelbaren Einwirkung übernatürlicher, schöpferischer Kräfte zuzuschreiben. Mithin entfernt der Transformismus aus allen Gebietsteilen der Botanik und Zoologie, und namentlich auch aus dem wichtigsten Teile der letzteren, aus der Anthropologie, den Wunderglauben; er lüftet den mystischen Schleier des Wunderbaren und Übernatürlichen, mit welchem man bisher die verwickelten Erscheinungen dieser natürlichen Erkenntnisgebiete zu verhüllen liebte. Das unklare Nebelbild mythologischer Dichtung kann vor dem klaren Sonnenlicht naturwissenschaftlicher Erkenntnis nicht länger bestehen.

Von ganz besonderem Interesse sind unter jenen biologischen Erscheinungen diejenigen, welche die gewöhnliche Annahme von der Entstehung eines jeden Organismus durch eine zweckmäßig bauende Schöpferkraft widerlegen. Nichts hat in dieser Beziehung der früheren Naturforschung so große Schwierigkeiten verursacht, als die Deutung der sogenannten „rudimentären Organe“, derjenigen Teile im Tier- und

Pflanzenkörper, welche eigentlich ohne Leistung, ohne physiologische Bedeutung, und dennoch formell vorhanden sind. Diese Teile verdienen das allerhöchste Interesse, obwohl die meisten Leute wenig oder nichts davon wissen. Fast jeder höher entwickelte Organismus, fast jedes Tier und jede Pflanze, besitzt neben den scheinbar zweckmäßigen Einrichtungen seiner Organisation andere Einrichtungen, die durchaus keinen Zweck, keine Funktion in dessen Leben haben können.

Beispiele davon finden sich überall. Bei den Embryonen mancher Wiederkäuer, unter anderen bei unserem gewöhnlichen Rindvieh, stehen Schneidezähne im Zwischenkiefer der oberen Kinnlade, welche niemals zum Durchbruch gelangen, also auch keinen Zweck haben. Die Embryonen mancher Walfische, welche späterhin die bekannten Barten statt der Zähne besitzen, tragen, solange sie noch nicht geboren sind und keine Nahrung zu sich nehmen, dennoch zahlreiche Zähne in ihren Kiefern; auch dieses Gebiß tritt niemals in Tätigkeit. Ferner besitzen die meisten höheren Tiere Muskeln, die nie zur Anwendung kommen; selbst der Mensch besitzt solche rudimentäre Muskeln. Die meisten von uns sind nicht fähig, ihre Ohren willkürlich zu bewegen, obwohl die Muskeln für diese Bewegung vorhanden sind; aber einzelnen Personen, die sich andauernd Mühe geben, diese Muskeln zu üben, ist es in der Tat gelungen, ihre Ohren wieder in Bewegung zu setzen. In diesen noch jetzt vorhandenen, aber verkümmerten Organen, welche dem vollständigen Verschwinden entgegengehen, ist es noch möglich, durch besondere Übung, durch andauernden Einfluß der Willenstätigkeit des Nervensystems, die beinahe erloschene Tätigkeit wieder zu beleben. Dagegen vermögen wir dies nicht mehr in den kleinen rudimentären Ohrmuskeln, welche noch am Knorpel unserer Ohrmuschel vorkommen; diese bleiben immer völlig wirkungslos. Bei unseren langohrigen Vorfahren aus der Tertiärzeit, Affen, Halbaffen und Beuteltieren, welche gleich den meisten anderen Säugetieren ihre große Ohrmuschel frei und lebhaft bewegten, waren jene Muskeln viel stärker entwickelt und von großer Bedeutung. So haben in gleicher Weise auch viele Spielarten der Hunde und Kaninchen, deren wilde Vorfahren ihre steifen Ohren vielseitig bewegten, unter dem Einflusse des Kulturlebens sich jenes „Ohrenspitzen" abgewöhnt; sie haben dadurch verkümmerte Ohrmuskeln und schlaff herabhängende Ohren bekommen.

Auch noch an anderen Stellen seines Körpers besitzt der Mensch solche rudimentäre Organe, welche durchaus von keiner Bedeutung für das Leben sind und niemals funktionieren. Eines der merkwürdigsten, obwohl unscheinbarsten Organe der Art ist die kleine halbmondförmige Falte, welche wir am inneren Winkel unseres Auges, nahe der Nasenwurzel besitzen, die sogenannte Plica semilunaris. Diese unbedeutende Hautfalte bietet für unser Auge gar keinen Nutzen; sie ist nur der ganz verkümmerte

Rest eines dritten, inneren Augenlides, welches neben dem oberen und unteren Augenlide bei anderen Säugetieren, bei Vögeln und Reptilien sehr entwickelt ist. Ja sogar schon unsere uralten Vorfahren aus der Silurzeit, die Urfische, scheinen dies dritte Augenlid, die sogenannte Nickhaut, besessen zu haben. Denn viele von ihren nächsten Verwandten, die in wenig veränderter Form noch heute fortleben, viele Haifische nämlich, besitzen eine sehr starke Nickhaut, und diese kann vom inneren Augenwinkel her über den ganzen Augapfel hinübergezogen werden.

Zu den schlagendsten Beispielen von rudimentären Organen gehören die Augen, welche nicht sehen. Solche finden sich bei sehr vielen Tieren, welche im Dunkeln, z. B. in Höhlen, unter der Erde leben. Die Augen sind hier oft wirklich in ausgebildetem Zustande vorhanden; aber sie sind von dicker, undurchsichtiger Haut bedeckt, so daß kein Lichtstrahl in sie hineinfallen kann, mithin können sie auch niemals sehen. Solche Augen ohne Gesichtsfunktion besitzen z. B. mehrere Arten von unterirdisch lebenden Maulwürfen und Blindmäusen, von Schlangen und Eidechsen, von Amphibien und Fischen; ferner zahlreiche wirbellose Tiere, die im Dunkeln ihr Leben zubringen: viele Käfer, Krebstiere, Schnecken, Würmer usw.

Eine Fülle der interessantesten Beispiele von rudimentären Organen liefert die vergleichende Osteologie oder Skelettlehre der Wirbeltiere, einer der anziehendsten Zweige der vergleichenden Anatomie. Bei den allermeisten Wirbeltieren finden wir zwei Paar Gliedmaßen am Rumpf, ein Paar Vorderbeine und ein Paar Hinterbeine. Sehr häufig ist jedoch das eine oder das andere Paar derselben verkümmert, seltener beide, wie bei den Schlangen und einigen aalartigen Fischen. Aber einige Schlangen, z. B. die Riesenschlangen (Boa, Python), haben hinten noch einige unnütze Knochenstückchen im Leibe, welche die Reste der verloren gegangenen Hinterbeine sind. Ebenso haben die walfischartigen Säugetiere (Cetaceen), welche nur entwickelte Vorderbeine (Brustflossen) besitzen, hinten im Fleische noch ein Paar ganz überflüssige Knochen, die Überbleibsel der verkümmerten Hinterbeine. Dasselbe gilt von vielen echten Fischen, bei denen in gleicher Weise die Hinterbeine (Bauchflossen) verloren gegangen sind. Umgekehrt besitzen unsere Blindschleichen (Anguis) und einige andere Eidechsen inwendig ein vollständiges Schultergerüst, obwohl die Vorderbeine, zu deren Befestigung dasselbe dient, nicht mehr vorhanden sind. Ferner finden sich bei verschiedenen Wirbeltieren die einzelnen Knochen der beiden Beinpaare in allen verschiedenen Stufen der Verkümmerung, und oft die rückgebildeten Knochen und die zugehörigen Muskeln stückweise erhalten, ohne doch irgendwie eine Verrichtung ausführen zu können. Das Instrument ist wohl noch da, aber es kann nicht mehr spielen.

Fast ganz allgemein finden Sie ferner rudimentäre Organe in den Pflanzenblüten vor, indem der eine oder der andere Teil der männlichen Fortpflanzungsorgane (der Staubfäden und Staubbeutel), oder der weiblichen Fortpflanzungsorgane (Griffel, Fruchtknoten usw.) mehr oder weniger verkümmert oder „fehlgeschlagen“ (abortiert) ist. Auch hier können Sie bei verschiedenen, nahe verwandten Pflanzenarten das Organ in allen Graden der Rückbildung verfolgen. So z. B. ist die große natürliche Familie der lippenblütigen Pflanzen (Labiaten), zu welcher Melisse, Pfefferminze, Majoran, Gundelrebe, Thymian usw. gehören, dadurch ausgezeichnet, daß die rachenförmige zweilippige Blumenkrone zwei lange und zwei kurze Staubfäden enthält. Allein bei vielen einzelnen Pflanzen dieser Familie, z. B. bei verschiedenen Salbeiarten und beim Rosmarin, ist nur das eine Paar der Staubfäden ausgebildet, und das andere Paar ist mehr oder weniger verkümmert, oft ganz verschwunden. Bisweilen sind die Staubfäden vorhanden, aber ohne Staubbeutel, so daß sie keinen Nutzen haben können. Seltener findet sich sogar noch das Rudiment oder der verkümmerte Rest eines fünften Staubfadens, ein physiologisch (für die Lebensverrichtung) ganz nutzloses, aber morphologisch (für die Erkenntnis der Form und der natürlichen Verwandtschaft) äußerst wertvolles Organ. In meiner „Generellen Morphologie der Organismen“ habe ich in dem Abschnitt von der „Unzweckmäßigkeitslehre oder Dysteleologie“ noch eine große Anzahl von anderen Beispielen angeführt.

Keine biologische Erscheinung hat wohl jemals die Zoologen und Botaniker in größere Verlegenheit versetzt als diese rudimentären oder abortiven (verkümmerten) Organe. Es sind Werkzeuge außer Dienst, Körperteile, welche da sind, ohne etwas zu leisten, zweckmäßig eingerichtet, ohne ihren Zweck in Wirklichkeit zu erfüllen. Wenn man die Versuche früherer Naturforscher zur Erklärung dieses Rätsels betrachtet, kann man sich in der Tat kaum eines Lächelns über ihre seltsamen Vorstellungen erwehren. Außerstande, eine wirkliche Erklärung zu finden, kamen einige z. B. zu dem Endresultate, daß der Schöpfer „der Symmetrie wegen“ diese Organe angelegt habe. Nach der Meinung anderer mußte es dem Schöpfer unpassend oder unanständig erscheinen, daß diese Organe bei denjenigen Organismen, bei denen sie nicht leistungsfähig sind und ihrer ganzen Lebensweise nach nicht sein können, völlig fehlten, während die nächsten Verwandten sie besäßen; und zum Ersatz für die mangelnde Funktion verlieh er ihnen wenigstens die äußere Ausstattung der leeren Form. Sind doch auch die uniformierten Zivilbeamten bei Hofe oft mit einem unschuldigen Degen ausgestattet, den sie niemals aus der Scheide ziehen. Ich glaube aber kaum, daß Sie von einer solchen dekorativen Erklärung befriedigt sein werden.

Nun wird gerade diese allgemein verbreitete und rätselhafte Erscheinung der rudimentären Organe, an welcher alle übrigen Erklärungsversuche scheitern, vollkommen erklärt, und zwar in der einfachsten und einleuchtendsten Weise erklärt durch Darwins Theorie von der Vererbung und von der Anpassung. Wir können die wichtigen Gesetze der Vererbung und Anpassung an den Haustieren und Kulturpflanzen, welche wir künstlich züchten, empirisch verfolgen, und es ist bereits eine Reihe solcher Gesetze festgestellt worden. Ohne jetzt auf diese einzugehen, will ich nur sagen, daß einige davon auf mechanischem Wege die Entstehung der rudimentären Organe vollkommen erklären, so daß wir das Auftreten derselben als einen ganz natürlichen Prozeß ansehen müssen, bedingt durch den Nichtgebrauch der Organe. Durch Anpassung an besondere Lebensbedingungen sind die früher tätigen und wirklich arbeitenden Organe allmählich nicht mehr gebraucht worden und außer Dienst getreten. Infolge der mangelnden Übung sind sie mehr und mehr verkümmert, trotzdem aber immer noch durch Vererbung von einer Generation auf die andere übertragen worden, bis sie endlich größtenteils verschwanden. Wenn wir nun annehmen, daß alle oben angeführten Wirbeltiere von einem einzigen gemeinsamen Stammvater abstammen, welcher zwei sehende Augen und zwei wohlentwickelte Beinpaare besaß, so erklärt sich ganz einfach der verschiedene Grad der Verkümmerung und Rückbildung dieser Organe bei solchen Nachkommen desselben, welche diese Teile nicht mehr gebrauchen konnten. Ebenso erklärt sich vollständig der verschiedene Ausbildungsgrad der ursprünglich (in der Blütenknospe) angelegten fünf Staubfäden bei den Lippenblütern, wenn wir annehmen, daß alle Pflanzen dieser Familie von einem gemeinsamen, mit fünf Staubfäden ausgestatteten Stammvater abstammen.

Ich habe Ihnen die Erscheinung der rudimentären Organe etwas ausführlicher vorgeführt, weil dieselbe von der allergrößten allgemeinen Bedeutung ist; denn sie führt uns auf die großen, allgemeinen, tiefliegenden Grundlagen der Philosophie und der Naturwissenschaft hin, für deren Lösung die Deszendenztheorie nunmehr der unentbehrliche Leitstern geworden ist. Sobald wir nämlich, dieser Theorie entsprechend, die ausschließliche Wirksamkeit physikalisch-chemischer Ursachen ebenso in der lebenden (organischen) Körperwelt, wie in der sogenannten leblosen (anorganischen) Natur anerkennen, so räumen wir damit jener Weltanschauung die ausschließliche Herrschaft ein, welche man mit dem Namen der mechanischen bezeichnen kann, im Gegensatze zu der hergebrachten teleologischen Auffassung. Wenn Sie die Weltanschauungen der verschiedenen Völker und Zeiten miteinander vergleichend zusammenstellen, können Sie dieselben schließlich alle in zwei gegenüberstehende Gruppen bringen: eine kausale oder mechanische und eine teleologische oder vitalistische. Die letztere war in der Biologie früher fast allgemein herrschend. Man sah danach das Tierreich und das Pflanzenreich als Produkte einer zweckmäßig wirkenden schöpferischen Tätigkeit an. Bei dem Anblick jedes Organismus schien sich zunächst unabweislich die Überzeugung aufzudrängen, daß eine so künstliche Maschine, ein so verwickelter Bewegungsapparat, wie es der Organismus ist, nur durch eine zwecktätige Schöpferkraft hervorgebracht werden könne; durch eine Tätigkeit, welche analog, obwohl unendlich viel vollkommener ist, als die Tätigkeit des Menschen bei der Konstruktion seiner Maschinen. Wie erhaben man auch die früheren Vorstellungen des Schöpfers und seiner schöpferischen Tätigkeit steigern, wie sehr man sie aller menschlichen Analogie entkleiden mag, so bleibt doch im letzten Grunde bei der teleologischen Naturauffassung dieser Vergleich unabweislich und notwendig. Man muß sich im Grunde dann immer den Schöpfer selbst als einen Organismus vorstellen, als ein Wesen, welches ähnlich dem Menschen, wenn auch in unendlich vollkommenerer Form, über seine bildende Tätigkeit nachdenkt, den Plan der Maschinen entwirft, und dann mittels Anwendung geeigneter Materialien diese Maschinen zweckentsprechend ausführt. Alle diese Vorstellungen leiden notwendig an der Grundschwäche des Anthropomorphismus oder der Vermenschlichung. Stets werden dabei, wie hoch man sich auch den Schöpfer vorstellen mag, demselben die menschlichen Eigenschaften beigelegt, einen Plan zu entwerfen und danach den Organismus zweckmäßig zu konstruieren. Das wird auch von derjenigen Schule, welche Darwins Lehre am schroffsten gegenübersteht, und welche unter den Naturforschern ihren bedeutendsten Vertreter in Louis Agassiz gefunden hat, ganz klar ausgesprochen. Das berühmte Werk von Agassiz (Essay on classification), welches dem Darwinschen Werke vollkommen entgegengesetzt ist und fast gleichzeitig erschien (1858), hat ganz folgerichtig jene absurden anthropomorphischen Vorstellungen vom Schöpfer bis zum höchsten Grade ausgebildet.

Was nun überhaupt jene vielgerühmte Zweckmäßigkeit in der Natur betrifft, so ist sie nur für denjenigen vorhanden, welcher die Erscheinungen im Tier- und Pflanzenleben durchaus oberflächlich betrachtet. Schon die rudimentären Organe mußten dieser beliebten Lehre einen harten Stoß versetzen. Jeder aber, der tiefer in die Organisation und Lebensweise der verschiedenen Tiere und Pflanzen eindringt, der sich mit der Wechselwirkung der Lebenserscheinungen und der sogenannten „Ökonomie der Natur" vertrauter macht, muß sie notwendig fallen lassen. Die vielgrepriesene Weisheit und Zweckmäßigkeit existiert ebensowenig als die vielgerühmte „Allgüte des Schöpfers". Diese optimistischen Anschauungen haben leider ebensowenig wirkliche Begründung als die beliebte Redensart von der „sittlichen Weltordnung", welche durch die ganze Völkergeschichte in ironischer Weise illustriert wird. Im Mittelalter ist dafür die „sittliche" Herrschaft der christlichen Päpste und ihrer frommen, vom Blute zahlloser Menschenopfer dampfenden Inquisition nicht weniger bezeichnend, als in der Gegenwart der herrschende Militarismus mit seinem „sittlichen" Apparate von Zündnadeln und anderen raffinierten

Mordwaffen; oder der Pauperismus als untrennbarer Anhang unserer verfeinerten Kultur.

Wenn Sie das Zusammenleben und die gegenseitigen Beziehungen der Pflanzen und der Tiere (mit Inbegriff der Menschen) näher betrachten, so finden Sie überall und zu jeder Zeit das Gegenteil von jenem gemütlichen und friedlichen Beisammensein, welches die Güte des Schöpfers den Geschöpfen hätte bereiten müssen; vielmehr sehen Sie überall einen schonungslosen, höchst erbitterten Kampf aller gegen alle. Nirgends in der Natur, wohin Sie auch Ihre Blicke lenken mögen, ist jener idyllische, von den Dichtern besungene Friede vorhanden — vielmehr überall Kampf, Streben nach Selbsterhaltung, nach Vernichtung der direkten Gegner und nach Vernichtung des Nächsten. Leidenschaft und Selbstsucht, bewußt oder unbewußt, bleibt überall die Triebfeder des Lebens. Das bekannte Dichterwort:

„Die Natur ist vollkommen überall,

Wo der Mensch nicht hinkommt mit seiner Qual“

ist schön, aber leider nicht wahr. Vielmehr bildet auch in dieser Beziehung der Mensch keine Ausnahme von der übrigen Tierwelt. Darwin hat gerade dieses wichtige Verhältnis in seiner hohen und allgemeinen Bedeutung uns erst recht klar vor Augen gestellt, und derjenige Abschnitt seiner Lehre, welchen er selbst den „Kampf ums Dasein“ nennt, ist einer ihrer wichtigsten Teile.

Wir müssen also jener vitalistischen oder teleologischen Betrachtung der lebendigen Natur, welche die Tier- und Pflanzenformen als Produkte eines gütigen und weisen Schöpfers oder einer zweckmäßig tätigen schöpferischen Naturkraft ansieht, durchaus entgegentreten; dagegen sind wir gezwungen, uns entschieden jene Weltanschauung anzueignen, welche man die mechanische oder kausale nennt. Man kann sie auch als die monistische oder einheitliche bezeichnen, im Gegensatze zu der zwiespältigen oder dualistischen Anschauung, welche in jener teleologischen Weltauffassung notwendig enthalten ist. Die mechanische Naturbetrachtung ist seit Jahrzehnten auf gewissen Gebieten der Naturwissenschaft so sehr eingebürgert, daß hier über die entgegengesetzte kein Wort mehr verloren wird. Es fällt keinem Physiker oder Chemiker, keinem Mineralogen oder Astronomen mehr ein, in den Erscheinungen, welche ihm auf seinem wissenschaftlichen Gebiete fortwährend vor Augen kommen, die Wirksamkeit eines zweckmäßig tätigen Schöpfers zu erblicken oder aufzusuchen. Man betrachtet jene Erscheinungen vielmehr allgemein und ohne Widerspruch als die notwendigen und unabänderlichen Wirkungen der physikalischen und chemischen Kräfte, welche an dem Stoffe oder der

Materie haften; und insofern ist diese Anschauung rein „materialistisch", in einem gewissen Sinne dieses vieldeutigen Wortes. Wenn der Physiker die Bewegungserscheinungen der Elektrizität oder des Magnetismus, den Fall eines Körpers oder die Schwingungen der Lichtwellen zu erklären sucht, so ist er bei dieser Arbeit durchaus davon entfernt, das Eingreifen einer übernatürlichen schöpferischen Kraft anzunehmen. In dieser Beziehung befand sich bisher die Biologie, als die Wissenschaft von den sogenannten „belebten" Naturkörpern, in vollem Gegensatze zu jenen vorher genannten anorganischen Naturwissenschaften (der Anorgologie). Zwar hat die neuere Physiologie, die Lehre von den Bewegungserscheinungen im Tier- und Pflanzenkörper, den mechanischen Standpunkt der letzteren vollkommen angenommen; allein die Morphologie, die Wissenschaft von der Gestaltung der Tiere und Pflanzen, schien dadurch gar nicht berührt zu werden. Die Morphologen behandeln nach wie vor, im Gegensatze zu jener mechanischen Betrachtung der Leistungen, die Formen der Tiere und Pflanzen als Erscheinungen, die durchaus nicht mechanisch erklärbar seien, die vielmehr notwendig einer höheren, übernatürlichen, zweckmäßig tätigen Schöpferkraft ihren Ursprung verdanken müßten. Dabei war es ganz gleichgültig, ob man diese Schöpferkraft als persönlichen Gott anbetete, oder ob man sie Lebenskraft (vis vitalis) oder Endursache (causa finalis) nannte. In allen Fallen flüchtete man hier, um es mit einem Worte zu sagen, zum Wunder als der Erklärung. Man warf sich einer mystischen Glaubensdichtung in die Arme und verließ somit das sichere Gebiet naturwissenschaftlicher Erkenntnis.

Alles nun, was vor Darwin geschehen ist, um eine natürliche, mechanische Auffassung von der Entstehung der Tier- und Pflanzenformen zu begründen, vermochte diese nicht zum Durchbruch und zu allgemeiner Anerkennung zu bringen. Dies gelang erst Darwins Lehre, und hierin liegt ein unermeßliches Verdienst derselben. Denn wir werden dadurch zu der Überzeugung von der Einheit der organischen und der anorganischen Natur geführt. Auch derjenige Teil der Naturwissenschaft, welcher bisher am längsten und am hartnäckigsten sich einer mechanischen Auffassung und Erklärung widersetzte, die Lehre vom zweckmäßigen Bau der lebendigen Formen, von der Bedeutung und Entstehung derselben, wird dadurch mit allen übrigen naturwissenschaftlichen Lehren auf einen und denselben Weg der Vollendung gebracht. Die Einheit aller Naturerscheinungen wird dadurch endgültig festgestellt.

Diese Einheit der ganzen Natur, die Beseelung aller Materie, die Untrennbarkeit der geistigen Kraft und des körperlichen Stoffes hat Goethe mit den Worten behauptet: „Die Materie kann nie ohne Geist, der Geist nie ohne Materie existieren und wirksam sein." Von den großen monistischen Philosophen aller Zeiten sind diese obersten Grundsätze der mechanischen

Weltanschauung vertreten worden. Schon Demokritos von Abdera, der unsterbliche Begründer der Atomenlehre, sprach dieselben fast ein halbes Jahrtausend vor Christus klar aus, ganz vorzüglich aber der erhabene Spinoza und der große Dominikanermönch Giordano Bruno. Der letztere wurde dafür am 17. Februar 1600 in Rom von der christlichen Inquisition auf dem Scheiterhaufen verbrannt, an demselben Tage, an welchem 36 Jahre früher sein großer Landsmann und Kampfgenosse Galilei geboren wurde. Auf dem Campo di Fiori in Rom, wo jener Scheiterhaufen stand, hat jetzt das freie neuerstandene Italien dem großen monistischen Märtyrer ein Denkmal errichtet (am 9. Juni 1889), ein beredtes Zeichen des gewaltigen Umschwungs der Zeit.

Durch die Deszendenztheorie wird es uns zum erstenmal möglich, die monistische Lehre von der Einheit der Natur fest zu begründen; danach bietet eine mechanisch-kausale Erklärung auch der verwickeltsten organischen Erscheinungen, z. B. der Entstehung und Einrichtung der Sinnesorgane, in der Tat nicht mehr prinzipielle Schwierigkeiten für das allgemeine Verständnis, als die mechanische Erklärung irgendwelcher physikalischen Prozesse, wie z. B. der Erdbeben, des Erdmagnetismus, der Meeresströmungen usw. Wir gelangen dadurch zu der äußerst wichtigen Überzeugung, daß alle Naturkörper, die wir kennen, gleichmäßig belebt sind, daß der Gegensatz, welchen man zwischen lebendiger und toter Körperwelt aufstellte, im Grunde nicht existiert. Wenn ein Stein, frei in die Luft geworfen, nach bestimmten Gesetzen zur Erde fällt, oder wenn in einer Salzlösung sich ein Kristall bildet, oder wenn Schwefel und Quecksilber sich zu Zinnober verbinden, so sind diese Erscheinungen nicht mehr und nicht minder mechanische Lebenserscheinungen, als das Wachstum und das Blühen der Pflanzen, als die Fortpflanzung und die Sinnestätigkeit der Tiere, als die Empfindung und die Gedankenbildung des Menschen. Insbesondere ist auch das Bewußtsein des Menschen und der höheren Tiere keineswegs ein besonderes übernatürliches „Welträtsel", wie Du Bois-Reymond 1872 in seiner „Ignorabimus"-Rede irrtümlich behauptet hatte. Vielmehr beruht dasselbe ebenso auf der mechanischen Arbeit der Ganglienzellen im Gehirn, wie die übrigen Seelentätigkeiten; den Beweis dafür habe ich im zehnten Kapitel meines Buches über die „Welträtsel" geführt. Die Naturkräfte treten auch im Seelenleben nur in verschiedenen Verbindungen und Formen auf, bald einfacher, bald zusammengesetzter; aber immer sind sie auch hier dem allgemeinen Substanzgesetz unterworfen. Gebundene Spannkräfte werden frei und gehen in lebendige Kräfte über, oder umgekehrt. Das große Gesetz von der Erhaltung der Kraft oder Energie (Robert Mayer 1842) und das damit verknüpfte Gesetz von der Erhaltung des Stoffes oder der Materie (Lavoisier 1789) gelten beide in gleicher Weise für alle organischen wie für alle anorganischen Naturkörper. In dieser Herstellung der einheitlichen oder monistischen Naturauffassung liegt das höchste und allgemeinste Verdienst unserer neuen, die Krone der heutigen Naturwissenschaft bildenden Entwicklungslehre.

(Aus „Natürliche Schöpfungsgeschichte“.)

---

[1] Universal-Bibliothek Nr. 3071-76.

[2] Universal-Bibliothek Nr. 3216-25.

II.
Schöpfungsperioden und Schöpfungsurkunden.

Die geschichtliche Auffassung des organischen Lebens, welche die Abstammungslehre in die biologischen Wissenschaften eingeführt hat, fördert nächst der Anthropologie keinen anderen Wissenschaftszweig so sehr, als den beschreibenden Teil der Naturgeschichte, die systematische Zoologie und Botanik. Die meisten Naturforscher, die sich bisher mit der Systematik der Tiere und Pflanzen beschäftigten, sammelten, benannten und ordneten die verschiedenen Arten dieser Naturkörper mit einem ähnlichen Interesse, wie die Altertumsforscher und Ethnographen die Waffen und Gerätschaften der verschiedenen Völker sammeln. Viele erhoben sich selbst nicht über denjenigen Grad der Wißbegierde, mit dem man Wappen, Briefmarken und ähnliche Kuriositäten zu sammeln, zu etikettieren und zu ordnen pflegt. In ähnlicher Weise wie diese Sammler an der Formenmannigfaltigkeit, Schönheit oder Seltsamkeit der Wappen, Briefmarken usw. ihre Freude finden, und dabei die erfinderische Bildungskunst des Menschen bewundern, in ähnlicher Weise ergötzten sich die meisten Naturforscher an den mannigfaltigen Formen der Tiere und Pflanzen und erstaunten über die reiche Phantasie des Schöpfers, über seine unermüdliche Schöpfungstätigkeit und über die seltsame Laune, in welcher er neben so vielen schönen und nützlichen Organismen auch eine Anzahl häßlicher und unnützer Formen gebildet habe.

Diese kindliche Behandlung der systematischen Zoologie und Botanik wird durch die Abstammungslehre gründlich vernichtet. An die Stelle des oberflächlichen und spielenden Interesses, mit welchem die meisten bisher die organischen Gestalten betrachteten, tritt das weit höhere Interesse des erkennenden Verstandes, welcher in der Formverwandtschaft der Organismen ihre wahre Stammverwandtschaft erblickt. Das natürliche System der Tiere und Pflanzen, welches man früher entweder nur als Namenregister zur übersichtlichen Ordnung der verschiedenen Formen oder als Sachregister zum kurzen Ausdruck ihres Ähnlichkeitsgrades schätzte, erhält durch die Abstammungslehre den ungleich höheren Wert eines wahren Stammbaumes der Organismen. Diese Stammtafel soll uns den genealogischen Zusammenhang der kleineren und größeren Gruppen enthüllen. Sie soll zu zeigen versuchen, in welcher Weise die verschiedenen Klassen, Ordnungen, Familien, Gattungen und Arten des Tier- und Pflanzenreichs den verschiedenen Zweigen, Ästen und Astgruppen ihres Stammbaums entsprechen. Jede weitere und höherstehende Kategorie oder Gruppenstufe des Systems (z. B. Klasse, Ordnung) umfaßt eine Anzahl von größeren und stärkeren Zweigen des Stammbaums, jede engere und tieferstehende Kategorie (z. B. Gattung, Art) nur eine kleinere und schwächere Gruppe von Ästchen. Nur wenn wir in dieser Weise das natürliche System als Stammbaum betrachten, können wir den wahren Wert desselben erkennen. Dieser genealogischen Auffassung des organischen Systems gehört ohne Zweifel allein die Zukunft.

Wie können wir uns aber den wirklichen Stammbaum der tierischen und pflanzlichen Formengruppen aus den dürftigen und fragmentarischen, bis jetzt darüber gewonnenen Erfahrungen konstruieren? Die Antwort hierauf liegt schon zum Teil in demjenigen, was wir früher über den Parallelismus der drei Entwicklungsreihen bemerkt haben, über den wichtigen ursächlichen Zusammenhang, welcher die paläontologische Entwicklung der ganzen organischen Stämme mit der embryologischen Entwicklung der Individuen und mit der systematischen Entwicklung der Gruppenstufen verbindet.

Zunächst werden wir uns zur Lösung dieser schwierigen Aufgabe an die Paläontologie oder Versteinerungskunde zu wenden haben. Denn wenn wirklich die Deszendenztheorie wahr ist, wenn wirklich die versteinerten Reste der vormals lebenden Tiere und Pflanzen von den ausgestorbenen Urahnen und Vorfahren der jetzigen Organismen herrühren, so müßte uns eigentlich ohne weiteres die Kenntnis und Vergleichung der Versteinerungen den Stammbaum der Organismen aufdecken. So einfach und einleuchtend dies nach dem theoretisch entwickelten Prinzip erscheint, so außerordentlich schwierig und verwickelt gestaltet sich die Aufgabe, wenn man sie wirklich in Angriff nimmt. Ihre praktische Lösung würde schon sehr schwierig sein, wenn die Versteinerungen einigermaßen vollständig erhalten wären. Das ist aber keineswegs der Fall. Vielmehr ist die handgreifliche Schöpfungsurkunde, welche in den Versteinerungen begraben liegt, über alle Maßen unvollständig. Daher erscheint es jetzt vor allem notwendig, diese Urkunde kritisch zu prüfen und den Wert, welchen die Versteinerungen für die Entwicklungsgeschichte der organischen Stämme besitzen, zu bestimmen.

In der Regel finden wir Versteinerungen oder Petrefakten nur in denjenigen Gesteinen eingeschlossen, welche schichtenweise als Schlamm im Wasser abgelagert wurden, und welche man deshalb neptunische, geschichtete oder sedimentäre Gesteine nennt. Die Ablagerung solcher Schichten konnte natürlich erst beginnen, nachdem im Verlaufe der Erdgeschichte die Verdichtung des Wasserdampfes zu tropfbar-flüssigem Wasser erfolgt war. Seit diesem Zeitpunkt begann nicht allein das organische Leben auf der Erde, sondern auch eine ununterbrochene und höchst wichtige Umgestaltung der erstarrten anorganischen Erdrinde. Das Wasser begann seitdem jene außerordentlich wichtige mechanische Wirksamkeit, durch welche die Erdoberfläche fortwährend, wenn auch langsam, umgestaltet wird. Ich darf wohl als bekannt voraussetzen, welchen außerordentlich bedeutenden Einfluß in dieser Beziehung noch jetzt das Wasser in jedem Augenblick ausübt. Indem es als Regen niederfällt, die obersten Schichten der Erdrinde durchsickert und von den Erhöhungen in die Vertiefungen herabfließt, löst es verschiedene mineralische Bestandteile des Bodens chemisch auf und spült mechanisch die locker zusammenhängenden Teilchen ab. An den Bergen herabfließend führt das Wasser den Schutt derselben in die Ebene und lagert ihn als Schlamm im stehenden Wasser ab. So arbeitet es beständig an einer Erniedrigung der Berge und Ausfüllung der Täler. Ebenso arbeitet die Brandung des Meeres ununterbrochen an der Zerstörung der Küsten und an der Auffüllung des Meerbodens durch die herabgeschlämmten Trümmer. So würde schon die Tätigkeit des Wassers allein, wenn sie nicht durch andere Umstände wieder aufgewogen würde, mit der Zeit die ganze Erde nivellieren. Es kann keinem Zweifel unterliegen, daß die Gebirgsmassen, welche alljährlich als Schlamm dem Meere zugeführt werden und sich auf dessen Boden absetzen, so bedeutend sind, daß im Verlauf einer längeren oder kürzeren Periode, vielleicht von wenigen Millionen Jahren, die Erdoberfläche vollkommen geebnet und von einer zusammenhängenden Wasserschale umschlossen werden würde. Daß dies nicht geschieht, verdanken wir der fortdauernden Schrumpfung und Faltung der erhärteten Erdrinde und der vulkanischen Gegenwirkung des feurigflüssigen Erdinneren. Diese Reaktion des geschmolzenen Kerns gegen die feste Rinde bedingt ununterbrochen wechselnde Hebungen und Senkungen an den verschiedensten Stellen der Erdoberfläche. Meistens geschehen dieselben sehr langsam; allein indem sie Jahrtausende hindurch fortdauern, bringen sie durch Summierung der kleinen Einzelwirkungen nicht minder großartige Resultate hervor, wie die entgegenwirkende und nivellierende Tätigkeit des Wassers.

Indem die Hebungen und Senkungen verschiedener Gegenden im Laufe von Jahrmillionen vielfach miteinander wechseln, kommt bald dieser bald jener Teil der Erdoberfläche über oder unter den Spiegel des Meeres. Es gibt vielleicht keinen Oberflächenteil der Erdrinde, der nicht infolgedessen schon wiederholt über oder unter dem Meeresspiegel gewesen wäre. Durch diesen vielfachen Wechsel erklärt sich die Mannigfaltigkeit und die verschiedenartige Zusammensetzung der zahlreichen neptunischen Gesteinschichten, welche sich an den meisten Stellen in beträchtlicher Dicke übereinander abgelagert haben. In den verschiedenen Geschichtsperioden, während deren die Ablagerung stattfand, lebte eine mannigfach verschiedene Bevölkerung von Tieren und Pflanzen. Wenn die Leichen derselben auf den Boden der Gewässer herabsanken, drückten sie ihre Körperform in dem weichen Schlamme ab, und unverwesliche Teile, harte Knochen, Zähne, Schalen usw. wurden unzerstört in demselben eingeschlossen. Sie blieben in dem Schlamm, der sich zu neptunischem Gestein verdichtete, erhalten, und dienen nun als Versteinerungen zur Charakteristik der betreffenden Schichten. Durch sorgfältige Vergleichung der verschiedenen übereinander gelagerten Schichten und der in ihnen erhaltenen Versteinerungen ist es so möglich geworden, sowohl das relative Alter der Schichten und Schichtengruppen zu bestimmen, als auch gewisse Hauptmomente der Phylogenie oder der Entwicklungsgeschichte der Tier- und Pflanzenstämme empirisch festzustellen.

Die verschiedenen übereinander abgelagerten Schichten der neptunischen Gesteine, welche in sehr mannigfaltiger Weise aus Kalk, Ton und Sand zusammengesetzt sind, haben die Geologen gruppenweise in ein ideales System zusammengestellt, welches dem ganzen Zusammenhange der organischen Erdgeschichte entspricht, d. h. desjenigen Teiles der Erdgeschichte, während dessen organisches Leben existierte. Wie die sogenannte „Weltgeschichte“ in größere oder kleinere Perioden zerfällt, welche durch den zeitweiligen Entwicklungszustand der bedeutendsten Völker charakterisiert und durch hervorragende Ereignisse voneinander abgegrenzt werden, so teilen wir auch die unendlich längere organische Erdgeschichte in eine Reihe von größeren oder kleineren Perioden ein. Jede dieser Perioden ist durch eine charakteristische Flora und Fauna, durch die besonders starke Entwicklung bestimmter Pflanzen- oder Tiergruppen ausgezeichnet, und jede ist von der vorhergehenden und folgenden Periode durch einen auffallenden teilweisen Wechsel in der Zusammensetzung der Tier- und Pflanzenbevölkerung getrennt.

Für die nachfolgende Übersicht des historischen Entwicklungsganges, den die großen Tier- und Pflanzenstämme genommen haben, ist es notwendig, zunächst hier die systematische Klassifikation der neptunischen Schichtengruppen und der denselben entsprechenden größeren und kleineren Geschichtsperioden anzugeben. Wie Sie sogleich sehen werden, sind wir imstande, die ganze Masse der übereinanderliegenden Sedimentgesteine in fünf oberste Hauptgruppen oder Terrains, jedes Terrain in mehrere untergeordnete Schichtengruppen oder Systeme, und jedes System von Schichten wiederum in noch kleinere Gruppen oder Formationen einzuteilen; endlich kann auch jede Formation wieder in Etagen oder Unterformationen, und jede von diesen wiederum in noch kleinere Lagen, Bänke usw. geschieden werden. Jedes der fünf großen Terrains wurde während eines großen Hauptabschnittes der Erdgeschichte, während eines Zeitalters, abgelagert; jedes System während einer kürzeren Periode, jede Formation während einer noch kürzeren Epoche usw. Indem wir so die Zeiträume der organischen Erdgeschichte und die während derselben abgelagerten neptunischen und versteinerungsführenden Erdschichten in ein gegliedertes System bringen, verfahren wir genau wie die

Historiker, welche die Völkergeschichte in die drei Hauptabschnitte des Altertums, des Mittelalters und der Neuzeit, und jeden dieser Abschnitte wieder in untergeordnete Perioden und Epochen einteilen. Wie aber der Historiker durch diese scharfe systematische Einteilung und durch die bestimmte Abgrenzung der Perioden durch einzelne Jahreszahlen nur die Übersicht erleichtern und keineswegs den ununterbrochenen Zusammenhang der Ereignisse und der Völkerentwicklung leugnen will, so gilt ganz dasselbe auch von unserer systematischen Einteilung, Spezifikation oder Klassifikation der organischen Erdgeschichte. Auch hier geht der rote Faden der zusammenhängenden Entwicklung überall ununterbrochen hindurch. Wir verwahren uns also ausdrücklich gegen die Anschauung, als wollten wir durch unsere scharfe Abgrenzung der größeren und kleineren Schichtengruppen und der ihnen entsprechenden Zeiträume irgendwie an Cuviers irrige Lehre von den Erdrevolutionen und von den wiederholten Neuschöpfungen der organischen Bevölkerung anknüpfen.

Die fünf großen Hauptabschnitte der organischen Erdgeschichte oder der paläontologischen Entwicklungsgeschichte bezeichnen wir als primordiales, primäres, sekundäres, tertiäres und quartäres Zeitalter. Jedes ist durch die vorwiegende Entwicklung bestimmter Tier- und Pflanzengruppen in demselben bestimmt charakterisiert, und wir könnten demnach auch die fünf Zeitalter einerseits durch die natürlichen Hauptgruppen des Pflanzenreichs, andererseits durch die verschiedenen Klassen des Wirbeltierstammes anschaulich bezeichnen. Dann wäre das erste oder primordiale Zeitalter dasjenige der Tange und Schädellosen, das zweite oder primäre Zeitalter das der Farne und Fische, das dritte oder sekundäre Zeitalter das der Nadelwälder und Reptilien, das vierte oder tertiäre Zeitalter das der Laubwälder und Säugetiere, endlich das fünfte oder quartäre Zeitalter dasjenige des Menschen und seiner Kultur. Die Abschnitte oder Perioden, welche wir in jedem der fünf Zeitalter unterscheiden, werden durch die verschiedenen Systeme von Schichten bestimmt, in die jedes der fünf großen Terrains zerfällt. Lassen Sie uns jetzt noch einen flüchtigen Blick auf die Reihe dieser Systeme und zugleich auf die Bevölkerung der fünf großen Zeitalter werfen.

Den ersten und längsten Hauptabschnitt der organischen Erdgeschichte bildet die Primordialzeit oder das Zeitalter der Tangwälder, das auch das archäische, archolithische oder archozoische Zeitalter genannt wird. Es umfaßt den ungeheuren Zeitraum von der ersten Urzeugung, von der Entstehung des ersten irdischen Organismus, bis zum Ende der silurischen Schichtenbildung. Während dieses unermeßlichen Zeitraums, welcher wahrscheinlich länger war, als alle übrigen vier Zeiträume zusammengenommen, lagerten sich die drei mächtigsten von allen neptunischen Schichtensystemen ab, nämlich zu unterst das laurentische, darüber das kambrische und darüber das silurische System. Von den meisten Geologen wird das silurische System, und von vielen auch noch das kambrische System zu den paläolithischen Terrains gestellt; indessen erscheint es aus biologisch-historischen Gesichtspunkten zweckmäßiger, sie mit den archozoischen zu vereinigen. Die ungefähre Dicke oder Mächtigkeit dieser drei Systeme zusammengenommen beträgt 70000 Fuß. Davon kommen ungefähr 30000 auf das laurentische, 18000 auf das kambrische und 22000 auf das silurische System. Die durchschnittliche Mächtigkeit aller vier übrigen Terrains, des primären, sekundären, tertiären und quartären zusammengenommen, mag dagegen etwa höchstens 60000 Fuß betragen, und schon hieraus, abgesehen von vielen anderen Gründen, ergibt sich, daß die Dauer der Primordialzeit wahrscheinlich viel länger war, als die Dauer der folgenden Zeitalter bis zur Gegenwart zusammengenommen. Viele Millionen von Jahren müssen zur Ablagerung solcher Schichtenmassen erforderlich gewesen sein. Leider befindet sich der bei weitem größte Teil der primordialen Schichtengruppen in dem sogleich zu erörternden metamorphischen Zustande, und dadurch sind die in ihnen enthaltenen Versteinerungen, die ältesten und wichtigsten von allen, größtenteils zerstört und unkenntlich geworden. Nur in einem Teile der kambrischen und silurischen Schichten sind Petrefakten in größerer Menge und in kenntlichem Zustande erhalten worden.

Trotzdem die primordialen oder archozoischen Versteinerungen uns nur zum bei weitem kleinsten Teile in kenntlichem Zustande erhalten sind, besitzen dieselben dennoch den Wert unschätzbarer Dokumente für diese älteste und dunkelste Zeit der organischen Erdgeschichte. Zunächst scheint daraus hervorzugehen, daß während dieses ganzen ungeheuren Zeitraums fast nur Wasserbewohner existierten. Wenigstens sind bis jetzt unter allen archozoischen Petrefakten nur sehr wenige gefunden worden, welche man mit Sicherheit auf landbewohnende Organismen beziehen kann: die ältesten von diesen sind einige silurische Farne und Skorpione. Fast alle Pflanzenreste, die wir aus der Primordialzeit besitzen, gehören zu der niedrigsten von allen Pflanzengruppen, zu der im Wasser lebenden Klasse der Tange oder Algen. Diese bildeten in dem warmen Urmeere der Primordialzeit mächtige Wälder, von deren Formenreichtum und Dichtigkeit uns noch heutigen Tages ihre Epigonen, die Tangwälder des atlantischen Sargassomeeres, eine ungefähre Vorstellung geben mögen. Die kolossalen Tangwälder der archozoischen Zeit ersetzten damals die noch fehlende Waldvegetation des Festlandes. Gleich den Pflanzen lebten auch fast alle Tiere, von denen man Reste in den archozoischen Schichten gefunden hat, im Wasser. Von den Gliedertieren finden sich nur Krebstiere und einzelne Skorpione, noch keine Insekten. Von den Wirbeltieren sind nur sehr wenige Fischreste bekannt, welche sich in den jüngsten von allen primordialen Schichten, in der oberen Silurformation, vorfinden. Dagegen müssen wir annehmen, daß Würmer und schädellose Wirbeltiere (Akranier), die Ahnen der Fische, massenhaft während der Primordialzeit gelebt haben. Daher können wir sie sowohl nach den Schädellosen als nach den Tangen benennen.

Die Primärzeit oder das Zeitalter der Farnwälder, der zweite Hauptabschnitt der organischen Erdgeschichte, welchen man auch das paläolithische oder paläozoische Zeitalter nennt, dauerte vom Ende der silurischen Schichtenbildung bis zum Ende der permischen Schichtenbildung. Auch dieser Zeitraum war von sehr langer Dauer und zerfällt wiederum in drei Perioden, während deren sich drei mächtige Schichtensysteme ablagerten, nämlich zu unterst das devonische System oder der alte rote Sandstein, darüber das karbonische oder Steinkohlensystem, und darüber das permische System oder der neue rote Sandstein und der Zechstein. Die durchschnittliche Dicke dieser drei Systeme zusammengenommen mag etwa 42000 Fuß betragen, woraus sich schon die ungeheure Länge der für ihre Bildung erforderlichen Zeiträume ergibt. Die meisten Geologen rechnen zur Paläozoischen Ära noch die silurische und viele auch die kambrische Periode.

Die devonischen und permischen Formationen sind vorzüglich reich an Fischresten, sowohl an Urfischen als an Schmelzfischen. Aber noch fehlen in der primären Zeit gänzlich die Knochenfische. In der Steinkohle finden sich schon verschiedene Reste von landbewohnenden Tieren, und zwar sowohl Gliedertieren (Spinnen und Insekten) als Wirbeltieren (Amphibien). Im permischen System kommen zu den Amphibien noch die höher entwickelten Schleicher oder Reptilien, und zwar unseren Eidechsen nahverwandte Formen (Proterosaurus usw.). Trotzdem können wir das primäre Zeitalter das der Fische nennen, weil diese wenigen Amphibien und Reptilien ganz gegen die ungeheure Menge der paläozoischen Fische zurücktreten. Ebenso wie die Fische unter den Wirbeltieren, so herrschten unter den Pflanzen während dieses Zeitraums die Farnpflanzen oder Filicinen vor, und zwar sowohl echte Farnkräuter und Farnbäume (Laubfarne oder Filikarien) als Schaftfarne (Kalamarien) und Schuppenfarne (Selagineen). Diese landbewohnenden Farne oder Filizinen bildeten die Hauptmasse der dichten paläozoischen Inselwälder, deren fossile Reste uns in den ungeheuer mächtigen Steinkohlenlagern des karbonischen Systems und in den schwächeren Kohlenlagern des devonischen und permischen Systems erhalten sind. Sie berechtigen uns, die Primärzeit ebensowohl das Zeitalter der Farne als das der Fische zu nennen.

Der dritte große Hauptabschnitt der paläontologischen Entwicklungsgeschichte wird durch die Sekundärzeit oder das Zeitalter der Nadelwälder gebildet, welches auch das mesolithische oder mesozoische Zeitalter genannt wird. Es reicht vom Ende der permischen

Schichtenbildung bis zum Ende der Kreideschichtenbildung und zerfällt abermals in drei große Perioden. Die währenddessen abgelagerten Schichtensysteme sind zu unterst das Triassystem, in der Mitte das Jurasystem und zu oberst das Kreidesystem. Die durchschnittliche Dicke dieser drei Systeme zusammengenommen bleibt schon weit hinter derjenigen der primären Systeme zurück und beträgt im ganzen nur ungefähr 15000 Fuß. Die Sekundärzeit wird demnach wahrscheinlich nicht halb so lang als die Primärzeit gewesen sein.

Wie in der Primärzeit die Fische, so herrschen in der Sekundärzeit die Schleicher oder Reptilien über alle übrigen Wirbeltiere vor. Zwar entstanden während dieses Zeitraums die ersten Vögel und Säugetiere; auch lebten damals die riesigen Labyrinthodonten; und zu den zahlreich vorhandenen Urfischen und Schmelzfischen der älteren Zeit gesellten sich die ersten echten Knochenfische. Aber die charakteristische und überwiegende Wirbeltierklasse der Sekundärzeit bildeten die höchst mannigfaltig entwickelten Reptilien. Neben solchen Schleichern, welche den heute noch lebenden Eidechsen, Krokodilen und Schildkröten nahestanden, wimmelte es in der mesozoischen Zeit überall von abenteuerlich gestalteten Drachen. Insbesondere sind die merkwürdigen fliegenden Eidechsen oder Pterosaurier, die schwimmenden Seedrachen oder Halisaurier und die kolossalen Landdrachen oder Dinosaurier der Sekundärzeit eigentümlich, da sie weder vorher noch nachher lebten. Man kann demgemäß die Sekundärzeit das Zeitalter der Schleicher oder Reptilien nennen. Andere bezeichnen sie als das Zeitalter der Nadelwälder, genauer eigentlich der Gymnospermen oder Nacktsamenpflanzen. Diese Pflanzen, vorzugsweise durch die beiden wichtigen Klassen der Nadelhölzer oder Koniferen und der Farnpalmen oder Zycadeen vertreten, setzten während der Sekundärzeit ganz überwiegend den Bestand der Wälder zusammen. Die farnartigen Pflanzen traten dagegen zurück und die Laubhölzer entwickelten sich erst gegen Ende des Zeitalters, in der Kreidezeit.

Viel kürzer und weniger eigentümlich als diese drei ersten Zeitalter war der vierte Hauptabschnitt der organischen Erdgeschichte, die Tertiärzeit oder das Zeitalter der Laubwälder. Dieser Zeitraum, welcher auch zänolithisches oder zänozoisches Zeitalter heißt, erstreckte sich vom Ende der Kreideschichtenbildung bis zum Ende der pliozänen Schichtenbildung. Die währenddessen abgelagerten Schichten erreichen nur ungefähr eine mittlere Mächtigkeit von 3000 Fuß und bleiben demnach weit hinter den drei ersten Terrains zurück. Auch sind die drei Systeme, welche man in dem tertiären Terrain unterscheidet, nur schwer voneinander zu trennen. Das älteste derselben heißt eozänes oder alttertiäres, das mittlere miozänes oder mitteltertiäres und das jüngste pliozänes oder neutertiäres System.

Die gesamte Bevölkerung der Tertiärzeit nähert sich im ganzen und im einzelnen schon viel mehr derjenigen der Gegenwart, als es in den vorhergehenden Zeitaltern der Fall war. Unter den Wirbeltieren überwiegt von nun an die Klasse der Säugetiere bei weitem alle übrigen. Ebenso herrscht in der Pflanzenwelt die formenreiche Gruppe der Decksamen-Pflanzen oder Angiospermen vor; ihre Laubhölzer bilden die charakteristischen Laubwälder der Tertiärzeit. Die Abteilung der Angiospermen besteht aus den beiden Klassen der Einkeimblättrigen oder Monokotylen und der Zweikeimblättrigen oder Dikotylen. Zwar hatten sich Angiospermen aus beiden Klassen schon in der Kreidezeit gezeigt, und Säugetiere traten schon im letzten Abschnitt der Triaszeit auf. Allein beide Gruppen, Säugetiere und Decksamenpflanzen, erreichen ihre eigentliche Entwicklung und Oberherrschaft erst in der Tertiärzeit, so daß man diese mit vollem Rechte danach benennen kann.

Den fünften und letzten Hauptabschnitt der organischen Erdgeschichte bildet die Quartärzeit oder Kulturzeit, derjenige, gegen die Länge der vier übrigen Zeitalter verschwindend kurze Zeitraum, den wir gewöhnlich in komischer Selbstüberhebung die „Weltgeschichte" zu nennen pflegen. Da die Ausbildung des Menschen und seiner Kultur mächtiger als alle früheren Vorgänge auf die organische Welt umgestaltend einwirkte, und da sie vor allem dieses jüngste Zeitalter charakterisiert, so könnte man dasselbe auch die Menschenzeit, das anthropolithische oder anthropozoische Zeitalter nennen. Es könnte allenfalls auch das Zeitalter der Kulturwälder heißen, weil selbst auf den niederen Stufen der menschlichen Kultur ihr umgestaltender Einfluß sich bereits in der Benutzung der Wälder und ihrer Erzeugnisse, und somit auch in der Physiognomie der Landschaft bemerkbar macht. Geologisch wird der Beginn dieses Zeitalters, welches bis zur Gegenwart reicht, durch das Ende der pliozänen Schichtenablagerung begrenzt.

Die neptunischen Schichten, welche während des verhältnismäßig kurzen quartären Zeitraums abgelagert wurden, sind an den verschiedenen Stellen der Erde von sehr verschiedener, meist aber von sehr geringer Dicke. Man bringt dieselben in zwei verschiedene Systeme, von denen man das ältere als diluvial oder pleistozän, das neuere als alluvial oder rezent bezeichnet. Das Diluvialsystem zerfällt selbst wieder in zwei Formationen, in die älteren glazialen und die neueren postglazialen Bildungen. Während der älteren Diluvialzeit nämlich fand jene außerordentlich merkwürdige Erniedrigung der Erdtemperatur statt, welche zu einer ausgedehnten Vergletscherung der gemäßigten Zonen führte. Diese „Eiszeit" oder Glazialperiode hat für die geographische und topographische Verbreitung der Organismen hohe Bedeutung gewonnen. Auch die auf die Eiszeit folgende „Nacheiszeit", die postglaziale Periode oder die neuere Diluvialzeit, während welcher die Temperatur wiederum stieg und das Eis sich nach den Polen zurückzog, war für die gegenwärtige Gestaltung der chorologischen Verhältnisse höchst bedeutungsvoll.

Der biologische Charakter der Quartärzeit liegt wesentlich in der Entwicklung und Ausbreitung des menschlichen Organismus und seiner Kultur. Weit mehr als jeder andere Organismus hat der Mensch umgestaltend, zerstörend und neubildend auf die Tier- und Pflanzenbevölkerung der Erde eingewirkt. Aus diesem Grunde — nicht weil wir dem Menschen im übrigen eine privilegierte Ausnahmestellung in der Natur einräumen — können wir mit vollem Rechte die Ausbreitung des Menschen und seiner Kultur als Beginn eines besonderen letzten Hauptabschnitts der organischen Erdgeschichte bezeichnen. Wahrscheinlich fand allerdings die körperliche Entwicklung des Urmenschen aus menschenähnlichen Affen bereits in der jüngeren oder pliozänen, vielleicht sogar schon in der mittleren oder miozänen Tertiärzeit statt. Allein die eigentliche Entwicklung der menschlichen Sprache, welche wir als den wichtigsten Hebel für die Ausbildung der eigentümlichen Vorzüge des Menschen und seiner Herrschaft über die übrigen Organismen betrachten, fällt wahrscheinlich erst in jenen Zeitraum, welchen man aus geologischen Gründen als pleistozäne oder diluviale Zeit von der vorhergehenden Pliozänperiode trennt. Jedenfalls ist derjenige Zeitraum, welcher seit der Entwicklung der menschlichen Sprache bis zur Gegenwart verfloß, mag derselbe auch viele Jahrtausende und vielleicht Hunderttausende von Jahren in Anspruch genommen haben, verschwindend gering gegen die unermeßliche Länge der Zeiträume, welche vom Beginn des organischen Lebens auf der Erde bis zur Entstehung des Menschengeschlechts verflossen.

Die tabellarische Übersicht Seite 69 zeigt die Reihenfolge der paläontologischen Terrains, Systeme und Formationen, d. h. der größeren und kleineren neptunischen Schichtengruppen, welche Versteinerungen einschließen, von den obersten oder alluvialen bis zu den untersten oder laurentischen Ablagerungen hinab. Die Tabelle Seite 68 führt die historische Einteilung der entsprechenden Zeiträume vor, der größeren und kleineren paläontologischen Perioden, und zwar in umgekehrter Reihenfolge.

Übersicht
der paläontologischen Perioden oder der größeren Zeitabschnitte der organischen Erdgeschichte.

Erster Zeitraum: **Archozoisches Zeitalter.**
Primordial-Zeit.
(Zeitalter der Schädellosen und der Tangwälder.)

1.	Ältere Archolithzeit	oder	Laurentische Periode.

2.	Mittlere Archolithzeit	"	Kambrische Periode.
3.	Neuere Archolithzeit	"	Silurische Periode.

Zweiter Zeitraum: **Paläozoisches Zeitalter.**
Primär-Zeit.
(Zeitalter der Fische und Farnwälder.)

4.	Ältere Paläolithzeit	oder	Devonische Periode.
5.	Mittlere Paläolithzeit	"	Steinkohlen-Periode.
6.	Neuere Paläolithzeit	"	Permische Periode.

Dritter Zeitraum: **Mesozoisches Zeitalter.**
Sekundär-Zeit.
(Zeitalter der Reptilien und der Nadelwälder.)

7.	Ältere Mesolithzeit	oder	Trias-Periode.
8.	Mittlere Mesolithzeit	"	Jura-Periode.
9.	Neuere Mesolithzeit	"	Kreide-Periode.

Vierter Zeitraum: **Zänozoisches Zeitalter.**
Tertiär-Zeit.
(Zeitalter der Säugetiere und der Laubwälder.)

10.	Ältere Zänolithzeit	oder	Eozäne Periode.
11.	Mittlere Zänolithzeit	"	Miozäne Periode.
12.	Neuere Zänolithzeit	"	Pliozäne Periode.

Fünfter Zeitraum: **Anthropozoisches Zeitalter.**
Quartär-Zeit.
(Zeitalter der Menschen und der Kulturwälder.)

13.	Ältere Anthropolithzeit	oder	Eiszeit. Glaziale Periode.
14.	Mittlere Anthropolithzeit	"	Postglaziale Periode.
15.	Neuere Anthropolithzeit	"	Kultur-Periode.

(Die Kultur-Periode ist die historische Zeit oder die Periode der Überlieferungen.)

Übersicht

der paläontologischen Formationen oder der versteinerungsführenden Schichten der Erdrinde.

Terrains	Systeme	Formation		Synonyme der Formationen
V. Anthropolithische Terrains oder anthropozoische (quartäre) Schichtengruppen	XIV. Rezent (Alluvium)	36.	**Präsent**	Oberalluviale
		35.	**Rezent**	Unteralluviale
	XIII. Pleistozän (Diluvium)	34.	**Postglazial**	Oberdiluviale
		33.	**Glazial**	Unterdiluviale
IV. Zänolithische Terrains oder zänozoische (tertiäre) Schichtengruppen	XII. Pliozän (Neutertiär)	32.	**Arvern**	Oberpliozäne
		31.	**Subapennin**	Unterpliozäne
	XI. Miozän (Mitteltertiär)	30.	**Falun**	Obermiozäne
		29.	**Limburg**	Untermiozäne
	X. Eozän (Alttertiär)	28.	**Gips**	Obereozäne
		27.	**Grobkalk**	Mitteleozäne
		26.	**Londonton**	Untereozäne
III. Mesolithische Terrains oder mesozoische (sekundäre) Schichtengruppen	IX. Kreide	25.	**Weißkreide**	Oberkreide
		24.	**Grünsand**	Mittelkreide
		23.	**Neokom**	Unterkreide
		22.	**Wealden**	Wälderformation
	VIII. Jura	21.	**Portland**	Oberoolith
		20.	**Oxford**	Mitteloolith
		19.	**Bath**	Unteroolith
		18.	**Lias**	Liasformation
	VII. Trias	17.	**Keuper**	Obertrias
		16.	**Muschelkalk**	Mitteltrias
		15.	**Buntsand**	Untertrias
II. Paläolithische Terrains oder paläozoische	VI. Permisches (Dyas)	14.	**Zechstein**	Oberpermische
		13.	**Neurotsand**	Unterpermische
		12.	**Kohlensand**	Oberkarbonische

(primäre) Schichtengruppen	V. Karbonisches (Steinkohle)	11.	**Kohlenkalk**	Unterkarbonische
	IV. Devonisches (Altrotsand)	10.	**Pilton**	Oberdevonische
		9.	**Ilfracombe**	Mitteldevonische
		8.	**Linton**	Unterdevonische
I. Archolithische Terrains oder archozoische (primordiale) Schichtengruppen	III. Silurisches	7.	**Ludlow**	Obersilurische
		6.	**Landovery**	Mittelsilurische
		5.	**Landeilo**	Untersilurische
	II. Kambrisches	4.	**Potsdam**	Oberkambrische
		3.	**Longmynd**	Unterkambrische
	I. Laurentisches	2.	**Labrador**	Oberlaurentische
		1.	**Ottawa**	Unterlaurentische

Tabelle
zur Übersicht der neptunischen versteinerungsführenden Schichten-Systeme der Erdrinde mit Bezug auf ihre verhältnismäßige durchschnittliche Dicke. (130000 Fuß zirka.)

IV. **Zänozoische Schichten-Systeme.** Zirka 3000 Fuß.	Eozän, Miozän, Pliozän.
III. **Mesozoische Schichten-Systeme.** Ablagerungen der Sekundärzeit. Zirka 15000 Fuß.	IX. Kreide-System.
	VIII. Jura-System.
	VII. Trias-System.
II. **Paläozoische Schichten-Systeme.** Ablagerungen der Primär-Zeit. Zirka 42000 Fuß.	VI. Permisches System.
	V. Steinkohlen-System.
	IV. Devonisches System.
I. **Archozoische Schichten-Systeme.** Ablagerungen der Primordial-Zeit. Zirka 70000 Fuß.	III. Silurisches System. Zirka 22000 Fuß.
	II. Kambrisches System. Zirka 18000 Fuß.

	I. Laurentisches System. Zirka 30000 Fuß.

Man hat viele Versuche angestellt, die Zahl der Jahrtausende, welche diese Zeiträume zusammensetzen, annähernd zu berechnen. Man verglich die Dicke der Schlammschichten, welche erfahrungsgemäß während eines Jahrhunderts sich absetzen, und welche nur wenige Linien oder Zolle betragen, mit der gesamten Dicke der geschichteten Gesteinsmassen, deren ideales System wir soeben überblickt haben. Diese Dicke mag im ganzen durchschnittlich ungefähr 130000 Fuß betragen, und hiervon kommen 70000 auf das primordiale oder archozoische, 42000 auf das primäre oder paläozoische, 15000 auf das sekundäre oder mesozoische und endlich nur 3000 auf das tertiäre oder zänozoische Terrain. Die sehr geringe und nicht annähernd bestimmbare durchschnittliche Dicke des quartären oder anthropozoischen Terrains kommt dabei gar nicht in Betracht. Man kann sie höchstens durchschnittlich auf 500-700 Fuß anschlagen. Selbstverständlich haben aber alle diese Maßangaben nur einen ganz durchschnittlichen und annähernden Wert und sollen nur dazu dienen, das relative Maßverhältnis der Schichtensysteme und der ihnen entsprechenden Zeitabschnitte ganz ungefähr zu überblicken. Auch werden die Maße sehr verschieden abgeschätzt.

Wenn man nun die gesamte Zeit der organischen Erdgeschichte, d. h. den ganzen Zeitraum seit Beginn des Lebens auf der Erde bis auf den heutigen Tag, in hundert gleiche Teile teilt, und wenn man dann, dem angegebenen durchschnittlichen Dickenverhältnis der Schichtensysteme entsprechend, die relative Zeitdauer der fünf Hauptabschnitte oder Zeitalter nach Prozenten berechnet, so ergibt sich folgendes Resultat. (Vergl. Seite 70.)

I.	Archozoische oder Primordialzeit	53,6
II.	Paläozoische oder Primärzeit	32,1
III.	Mesozoische oder Sekundärzeit	11,5
IV.	Zänozoische oder Tertiärzeit	2,3
V.	Anthropozoische oder Quartärzeit	0,5
	———	
	Summa: 100,0	

Es beträgt demnach die Länge des archozoischen Zeitraums, währenddessen fast noch keine landbewohnenden Tiere und Pflanzen existierten, mehr als die Hälfte, mehr als 53 Prozent, dagegen die Länge des anthropozoischen Zeitraums, währenddessen der Mensch existierte, kaum ein halbes Prozent von der ganzen Länge der organischen Erdgeschichte. Es ist aber ganz unmöglich, die Länge dieser Zeiträume auch nur annähernd nach Jahren zu berechnen.

Die Dicke der Schlammschichten, welche während eines Jahrhunderts sich in der Gegenwart ablagern, und welche man als Basis für diese Berechnung benutzen wollte, ist an den verschiedenen Stellen der Erde unter den ganz verschiedenen Bedingungen, unter denen überall die Ablagerung stattfindet, natürlich ganz verschieden. Sie ist sehr gering auf dem Boden des hohen Meeres, in den Betten breiter Flüsse mit kurzem Laufe und in Landseen, welche sehr dürftige Zuflüsse erhalten. Sie ist verhältnismäßig bedeutend an Meeresküsten mit starker Brandung, am Ausfluß großer Ströme mit langem Lauf und in Landseen mit starken Zuflüssen. An der Mündung des Mississippi, welcher sehr bedeutende Schlammassen mit sich fortführt, würden in 100000 Jahren wohl etwa 600 Fuß abgelagert werden. Auf dem Grunde des offenen Meeres, weit von den Küsten entfernt, werden sich während dieses langen Zeitraums nur wenige Fuß Schlamm absetzen. Selbst an den Küsten, wo verhältnismäßig viel Schlamm abgelagert wird, mag die Dicke der dadurch während eines Jahrhunderts gebildeten Schichten, wenn sie nachher sich zu festem Gesteine verdichtet haben, doch nur wenige Zoll oder Linien betragen. Jedenfalls aber bleiben alle auf diese Verhältnisse gegründeten Berechnungen ganz unsicher, und wir können uns auch nicht einmal annähernd die ungeheure Länge der Zeiträume vorstellen, welche zur Bildung jener neptunischen Schichtensysteme erforderlich waren. Nur relative, nicht absolute Zeitmaße sind hier mit Vorsicht anwendbar.

Man würde übrigens auch vollkommen fehlgehen, wenn man die Mächtigkeit jener Schichtensysteme allein als Maßstab für die inzwischen wirklich verflossene Zeit der Erdgeschichte betrachten wollte. Denn Hebungen und Senkungen der Erdrinde haben beständig miteinander gewechselt, und aller Wahrscheinlichkeit nach entspricht oft der mineralogische und paläontologische Unterschied, den man zwischen je zwei aufeinander folgenden Schichtensystemen und zwischen je zwei Formationen derselben wahrnimmt, einem beträchtlichen Zwischenraum von mehreren Jahrtausenden, währenddessen die betreffende Stelle der Erdrinde über das Wasser gehoben war. Erst nach Ablauf dieser Zwischenzeit, als eine neue Senkung diese Stelle wieder unter Wasser brachte, fand die Ablagerung einer neuen Bodenschicht statt. Da aber inzwischen die anorganischen und organischen Verhältnisse an diesem Orte eine beträchtliche Umbildung erfahren hatten, mußte die neugebildete Schlammschicht aus verschiedenen Bodenbestandteilen zusammengesetzt sein und ganz verschiedene Versteinerungen einschließen.

Die auffallenden Unterschiede, die zwischen den Versteinerungen zweier übereinander liegenden Schichten so häufig stattfinden, sind einfach und leicht nur durch die Annahme zu erklären, daß derselbe Punkt der Erdoberfläche wiederholten Senkungen und Hebungen ausgesetzt wurde. Noch gegenwärtig finden solche Hebungen und Senkungen, welche man teils der Faltung der schrumpfenden Erdrinde, teils der Reaktion des feuerflüssigen Erdkerns gegen die erstarrte Rinde zuschreibt, in weiter Ausdehnung statt. So steigt z. B. die Küste von Schweden und ein Teil von der Westküste Südamerikas beständig langsam empor, während die Küste von Holland und ein Teil von der Ostküste Südamerikas allmählich untersinkt. Das Steigen wie das Sinken geschieht nur sehr langsam und beträgt im Jahrhundert bald nur einige Linien, bald einige Zoll oder höchstens einige Fuß. Wenn aber diese Bewegung Hunderte von Jahrtausenden hindurch ununterbrochen andauert, kann sie die höchsten Gebirge bilden.

Offenbar haben ähnliche Hebungen und Senkungen während des ganzen Verlaufes der organischen Erdgeschichte ununterbrochen an verschiedenen Stellen miteinander gewechselt. Das ergibt sich mit Sicherheit aus der geographischen Verbreitung der Organismen. Nun ist es aber für die Beurteilung unserer paläontologischen Schöpfungsurkunde außerordentlich wichtig, sich klarzumachen, daß bleibende Schichten sich bloß während langsamer Senkung des Bodens unter Wasser ablagern können, nicht aber während andauernder Hebung. Wenn der Boden langsam mehr und mehr unter den Meeresspiegel versinkt, so gelangen die abgelagerten Schlammschichten in immer tieferes und ruhigeres Wasser, wo sie sich ungestört zu Gestein verdichten können. Wenn sich dagegen umgekehrt der Boden langsam hebt, so kommen die soeben abgelagerten Schlammschichten, welche Reste von Pflanzen und Tieren umschließen, sogleich wieder in den Bereich des Wogenspiels und werden durch die Kraft der Brandung alsbald nebst den eingeschlossenen organischen Resten zerstört. Aus diesem einfachen, aber sehr gewichtigen Grunde können also nur während einer andauernden Senkung des Bodens sich reichlichere Schichten ablagern, in denen die organischen Reste erhalten bleiben. Wenn je zwei verschiedene übereinander liegende Formationen oder Schichten mithin zwei verschiedenen Senkungsperioden entsprechen, so müssen wir zwischen diesen letzteren einen langen Zeitraum der Hebung annehmen, von dem wir gar nichts wissen, weil uns keine fossilen Reste von den damals lebenden Tieren und Pflanzen aufbewahrt werden konnten. Offenbar verdienen aber diese spurlos dahingegangenen Hebungszeiträume nicht geringere Berücksichtigung als die damit abwechselnden Senkungszeiträume, von deren organischer Bevölkerung uns die versteinerungsführenden Schichten eine ungefähre Vorstellung geben. Wahrscheinlich waren die ersteren durchschnittlich von nicht geringerer Dauer als die letzteren; für diese Annahme sprechen viele gewichtige Gründe.

Schon hieraus ergibt sich, wie unvollständig unsere Urkunde notwendig sein muß, um so mehr, da sich theoretisch erweisen läßt, daß gerade während der Hebungszeiträume das Tier- und Pflanzenleben an Mannigfaltigkeit zunehmen mußte. Denn indem neue Strecken Landes über das Wasser gehoben werden, bilden sich neue Inseln. Jede neue Insel ist aber ein neuer Schöpfungsmittelpunkt, weil die zufällig dorthin verschlagenen Tiere und Pflanzen aus dem neuen Boden im Kampf ums Dasein reiche Gelegenheit finden, sich eigentümlich zu entwickeln und neue Arten zu bilden. Die Bildung neuer Arten hat offenbar während dieser Zwischenzeiten, aus denen uns leider keine Versteinerungen erhalten bleiben konnten, vorzugsweise stattgefunden; umgekehrt gab die langsame Senkung des Bodens eher Gelegenheit zum Aussterben zahlreicher Arten und zu einem Rückschritt in der Artenbildung. Auch die Zwischenformen zwischen den alten und den neu sich bildenden Spezies werden vorzugsweise während jener Hebungszeiträume gelebt haben und konnten daher ebenfalls keine fossilen Reste hinterlassen.

Zu den sehr bedeutenden und empfindlichen Lücken der paläontologischen Schöpfungsurkunde, welche durch die Hebungszeiträume bedingt werden, kommen nun leider noch viele andere Umstände hinzu, welche den hohen Wert derselben außerordentlich verringern. Dahin gehört vor allen der metamorphische Zustand der ältesten Schichtengruppen, gerade derjenigen, welche die Reste der altesten Flora und Fauna, der Stammformen aller folgenden Organismen enthalten, und dadurch von ganz besonderem Interesse sein würden. Gerade diese Gesteine, und zwar der größere Teil der primordialen oder archolithischen Schichten, fast das ganze laurentische und ein großer Teil des kambrischen Systems, enthalten gar keine kenntlichen Reste mehr, und zwar aus dem einfachen Grunde, weil diese Schichten durch den Einfluß des feuerflüssigen Erdinnern nachträglich wieder verändert oder metamorphosiert wurden. Durch die Hitze des glühenden Erdkerns sind diese tiefsten neptunischen Rindenschichten in ihrer ursprünglichen Schichtenstruktur gänzlich umgewandelt und in einen kristallinischen Zustand übergeführt worden. Dabei ging aber die Form der darin eingeschlossen organischen Reste ganz verloren. Nur hier und da wurde sie durch einen glücklichen Zufall erhalten, wie es bei manchen der ältesten bekannten Petrefakten aus den untersten kambrischen Schichten der Fall ist. Jedoch können wir aus den Lagern von kristallinischer Kohle (Graphit) und kristallinischem Kalk (Marmor), welche sich in den metamorphischen Gesteinen eingelagert finden, mit Sicherheit auf die frühere Anwesenheit von versteinerten Pflanzen- und Tierresten in denselben schließen. Neuerdings sind fossile Radiolarien auch in präkambrischen Schichten entdeckt.

Außerordentlich unvollständig wird unsere Schöpfungsurkunde durch den Umstand, daß erst ein sehr kleiner Teil der Erdoberfläche genauer geologisch untersucht ist, vorzugsweise Europa und Nordamerika; auch von Südamerika und Ostindien sind einzelne Stellen der Erdrinde aufgeschlossen; der größte Teil derselben ist uns aber unbekannt. Dasselbe gilt vom größten Teil Asiens, des umfangreichsten aller Weltteile, auch von Afrika (ausgenommen das Kap der Guten Hoffnung und die Mittelmeerküste) und von Australien wissen wir nur sehr wenig. Im ganzen ist wohl kaum der hundertste Teil der gesamten Erdoberfläche gründlich paläontologisch erforscht. Wir können daher wohl hoffen, bei weiterer Ausbreitung der geologischen Untersuchungen, denen namentlich die Anlage von Eisenbahnen und Bergwerken sehr zu Hilfe kommen wird, noch einen großen Teil wichtiger Versteinerungen aufzufinden. Ein Fingerzeig dafür ist uns durch die merkwürdigen Versteinerungen gegeben, die man an den wenigen genauer untersuchten Punkten von Afrika und Asien, in den Kapgegenden und am Himalaja, sowie neuerdings in Patagonien aufgefunden hat. Eine Reihe von ganz neuen und sehr eigentümlichen Tierformen ist uns dadurch bekannt geworden. Freilich müssen wir anderseits erwägen, daß der ausgedehnte Boden der jetzigen Meere vorläufig für die paläontologischen Forschungen fast unzugänglich ist; den größten Teil der hier seit uralten Zeiten begrabenen Versteinerungen werden wir entweder niemals oder erst nach Verlauf vieler Jahrtausende kennen lernen, wenn durch allmähliche Hebungen der gegenwärtige Meeresboden mehr zutage getreten sein wird. Wenn Sie bedenken, daß die ganze Erdoberfläche zu ungefähr drei Fünfteilen aus Wasser und nur zu zwei Fünfteilen aus Festland besteht, so können Sie ermessen, daß auch in dieser Beziehung die paläontologische Urkunde eine ungeheure Lücke enthalten muß.

Nun kommen aber noch eine Reihe von Schwierigkeiten für die Paläontologie hinzu, welche in der Natur der Organismen selbst begründet sind. Vor allem ist hier hervorzuheben, daß in der Regel nur harte und feste Körperteile der Organismen auf den Boden des Meeres und der süßen Gewässer gelangen und hier in Schlamm eingeschlossen und versteinert werden können. Es sind also namentlich die Knochen und Zähne der Wirbeltiere, die Kalkschalen der Weichtiere, die Chitinskelette der Gliedertiere, die Kalkskelette der Sterntiere und Korallen, ferner die holzigen, festen Teile der Pflanzen, die einer solchen Versteinerung fähig sind. Die weichen und zarten Teile dagegen, welche bei den allermeisten Organismen den bei weitem größten Teil des Körpers bilden, gelangen nur sehr selten unter so günstigen Verhältnissen in den Schlamm, daß sie versteinern, oder daß ihre äußere Form deutlich in dem erhärteten Schlamme sich abdrückt. Nun bedenken Sie, daß ganze große Klassen von Organismen, wie z. B. die Medusen, die Platoden, die nackten Mollusken, welche keine Schale haben, ein großer Teil der Gliedertiere, die meisten Würmer und selbst die niedersten Wirbeltiere gar keine festen und harten, versteinerungsfähigen Körperteile besitzen. Ebenso sind gerade die wichtigsten Pflanzenteile, die Blüten, meistens so weich und zart, daß sie sich nicht in kenntlicher Form konservieren können. Von allen diesen wichtigen Lebensformen werden wir naturgemäß auch gar keine versteinerten Reste zu finden erwarten können. Ferner sind die Embryonen und Jugendzustände fast aller Organismen so weich und zart, daß sie gar nicht versteinerungsfähig sind. Was wir also von Versteinerungen in den neptunischen Schichtensystemen der Erdrinde vorfinden, das sind im Verhältnis zum Ganzen nur wenige Formen, und meistens nur einzelne Bruchstücke.

Sodann ist zu berücksichtigen, daß die Meerbewohner in einem viel höheren Grade Aussicht haben, ihre toten Körper in den abgelagerten Schlammschichten versteinert zu erhalten, als die Bewohner der süßen Gewässer und des Festlandes. Die das Land bewohnenden Organismen können in der Regel nur dann versteinert werden, wenn ihre Leichen zufällig ins Wasser fallen und auf dem Boden in erhärtenden Schlammschichten begraben werden, was von mancherlei Bedingungen abhängig ist. Daher kann es uns nicht wundernehmen, daß die bei weitem größte Mehrzahl der Versteinerungen Organismen angehört, die im Meere lebten, und daß von den Landbewohnern verhältnismäßig nur sehr wenige im fossilen Zustande erhalten sind. Welche Zufälligkeiten hierbei ins Spiel kommen, mag Ihnen allein der Umstand beweisen, daß man von vielen fossilen Säugetieren, insbesondere von den meisten Säugetieren der Sekundärzeit, weiter nichts kennt als den Unterkiefer. Dieser Knochen ist erstens verhältnismäßig fest und löst sich zweitens sehr leicht von dem toten Körper, der auf dem Wasser schwimmt, ab. Während die Leiche vom Wasser fortgetrieben und zerstört wird, fällt der Unterkiefer auf den Grund des Wassers hinab und wird hier vom Schlamm umschlossen. Daraus erklärt sich allein die merkwürdige Tatsache, daß in einer Kalkschicht des Jurasystems bei Oxford in England, in den Schiefern von Stonesfield, bis jetzt fast nur die Unterkiefer von zahlreichen Beuteltieren gefunden worden sind; sie gehören zu den ältesten Säugetieren, welche wir kennen. Von dem ganzen übrigen Körper derselben war auch nicht ein Knochen mehr vorhanden. Die „exakten" Gegner der Entwicklungstheorie würden nach der bei ihnen gebräuchlichen Logik hieraus den Schluß ziehen müssen, daß der Unterkiefer der einzige Knochen im Leibe jener merkwürdigen Tiere war.

Für die kritische Würdigung der vielen unbedeutenden Zufälle, die unsere Kenntnis der Versteinerungen in der bedeutendsten Weise beeinflussen, sind ferner auch die Fußspuren sehr lehrreich, welche sich in großer Menge in verschiedenen ausgedehnten Sandsteinlagern, z. B. in dem roten Sandstein von Connecticut in Nordamerika, finden. Diese Fußtritte rühren offenbar von Wirbeltieren, wahrscheinlich von Reptilien her, von deren Körper selbst uns nicht die geringste Spur erhalten geblieben ist. Die Abdrücke, welche ihre Füße im Schlamm hinterlassen haben, verraten uns allein die vormalige Existenz von diesen uns sonst ganz unbekannten Tieren.

Welche Zufälligkeiten außerdem noch die Grenzen unserer paläontologischen Kenntnisse bestimmen, können Sie daraus ermessen, daß man von sehr vielen wichtigen Versteinerungen nur ein einziges oder nur ein paar Exemplare kennt. Im Jahre 1861 wurde im lithographischen Schiefer von Solnhofen das unvollständige Skelett des ältesten bis jetzt bekannten Vogels entdeckt; Archaeopteryx lithographica; 1877 wurde ebendaselbst ein zweites Exemplar gefunden, welches das erste in glücklichster Weise ergänzt. Die Kenntnis dieses einzigen Vogels aus dem Jurasystem besitzt für die Phylogenie der ganzen Vogelklasse die allergrößte Wichtigkeit. Alle bisher bekannten Vögel stellten eine sehr einförmig organisierte Gruppe dar, und zeigten keine auffallenden Übergangsbildungen zu anderen Wirbeltierklassen, auch nicht zu den nächstverwandten Reptilien. Jener fossile Vogel aus dem Jura dagegen besaß keinen gewöhnlichen Vogelschwanz, sondern einen Eidechsenschwanz, und bestätigte dadurch die aus anderen Gründen vermutete Abstammung der Vögel von den Eidechsen. Durch dieses Petrefakt wurde also nicht nur unsere Vorstellung von dem Alter der Vogelklasse, sondern auch von ihrer Blutsverwandtschaft mit den Reptilien wesentlich erweitert. Ebenso sind unsere Kenntnisse von anderen Tiergruppen oft durch die zufällige Entdeckung einer einzigen Versteinerung wesentlich umgestaltet worden. Da wir aber wirklich von vielen wichtigen Petrefakten nur sehr wenige Exemplare oder nur Bruchstücke kennen, so muß auch aus diesem Grunde die paläontologische Urkunde höchst unvollständig sein.

Eine weitere und sehr empfindliche Lücke derselben ist durch den Umstand bedingt, daß die Zwischenformen, welche die verschiedenen Arten verbinden, in der Regel nicht erhalten sind, und zwar aus dem einfachen Grunde, weil dieselben (nach dem Prinzip der Divergenz des Charakters) im Kampfe ums Dasein ungünstiger gestellt waren als die am meisten divergierenden Varietäten, die sich aus einer und derselben Stammform entwickelten. Die Zwischenglieder sind im ganzen immer rasch ausgestorben und haben sich nur selten vollständig erhalten. Die am stärksten divergierenden Formen dagegen konnten sich längere Zeit hindurch als selbständige Arten am Leben erhalten, sich in zahlreichen Individuen ausbreiten und demnach auch leichter versteinert werden. Dadurch ist jedoch nicht ausgeschlossen, daß nicht in vielen Fällen auch die verbindenden Zwischenformen der Arten sich so vollständig versteinert erhielten, daß sie noch gegenwärtig die systematischen Paläontologen in die größte Verlegenheit versetzen und endlose Streitigkeiten über die ganz willkürlichen Grenzen der Spezies hervorrufen.

Ein ausgezeichnetes Beispiel der Art liefert die berühmte vielgestaltige Süßwasserschnecke aus dem Stubental bei Steinheim in Württemberg, welche bald als Paludina, bald als Valvata, bald als Planorbis multiformis beschrieben worden ist. Die schneeweißen Schalen dieser kleinen Schnecke setzen mehr als die Hälfte von der ganzen Masse eines tertiären Kalkhügels zusammen und offenbaren dabei an dieser einen Lokalität eine solche wunderbare Formenmannigfaltigkeit, daß man die am meisten divergierenden Extreme als wenigstens zwanzig ganz verschiedene Arten beschreiben und diese sogar in vier ganz verschiedene Gattungen versetzen könnte. Aber alle diese extremen Formen sind durch so massenhafte verbindende Zwischenformen verknüpft, und diese liegen so gesetzmäßig über- und nebeneinander, daß Hilgendorf daraus auf das klarste den Stammbaum der ganzen Formengruppe entwickeln konnte. Ebenso finden sich bei sehr vielen anderen fossilen Arten (z. B. vielen Ammoniten, Terebrateln, Seeigeln, Seelilien usw.) die verknüpfenden Zwischenformen in solcher Masse, daß sie die „fossilen Spezieskrämer" zur Verzweiflung bringen.

Wenn Sie nun alle vorher angeführten Verhältnisse erwägen, so werden Sie sich nicht darüber wundern, daß die paläontologische Schöpfungsurkunde ganz außerordentlich lückenhaft und unvollständig ist. Aber dennoch haben die wirklich gefundenen Versteinerungen den größten Wert. Ihre Bedeutung für die natürliche Schöpfungsgeschichte ist nicht geringer als die Bedeutung, welche die berühmte Inschrift von Rosette und das Dekret von Kanopus für die Völkergeschichte, für die Archäologie und Philologie besitzen. Wie es durch diese beiden uralten Inschriften möglich wurde, die Geschichte des alten Ägyptens außerordentlich zu erweitern und die ganze Hieroglyphenschrift zu entziffern, so genügen uns in vielen Fällen einzelne Knochen eines Tieres oder unvollständige Abdrücke einer niederen Tier- oder Pflanzenform, um die wichtigsten Anhaltspunkte für die Geschichte einer ganzen Gruppe und die Erkenntnis ihres Stammbaums zu gewinnen. Ein paar kleine Backzähne, die in der Keuperformation der Trias gefunden wurden, waren lange Zeit hindurch der einzige Beweis dafür, daß schon in der Triaszeit Säugetiere wirklich existiert haben.

Von der Unvollkommenheit des geologischen Schöpfungsberichtes sagt Darwin, in Übereinstimmung mit Lyell, dem berühmten Geologen: „Der natürliche Schöpfungsbericht, wie ihn die Paläontologie liefert, ist eine Geschichte der Erde, unvollständig erhalten und in wechselnden Dialekten geschrieben, wovon aber nur der letzte, bloß auf einige Teile der Erdoberfläche sich beziehende Band bis auf uns gekommen ist. Doch auch von diesem Bande ist nur hier und da ein kurzes Kapitel erhalten, und von jeder Seite sind nur da und dort einige Zeilen übrig. Jedes Wort der langsam wechselnden Sprache dieser Beschreibung, mehr oder weniger verschieden in der ununterbrochenen Reihenfolge der einzelnen Abschnitte, mag den anscheinend plötzlich wechselnden Lebensformen entsprechen, welche in den unmittelbar aufeinander liegenden Schichten unserer weit voneinander getrennten Formationen begraben liegen."

Wenn Sie diese außerordentliche Unvollständigkeit der paläontologischen Urkunde sich beständig vor Augen halten, so wird es Ihnen nicht wunderbar erscheinen, daß wir noch auf so viele unsichere Hypothesen angewiesen sind, indem wir wirklich den Stammbaum der verschiedenen organischen Gruppen entwerfen wollen. Jedoch besitzen wir glücklicherweise außer den Versteinerungen auch noch andere historische Urkunden; und diese sind in vielen Fällen von nicht geringerem und in den meisten sogar von viel höherem Werte als die Petrefakten. Die bei weitem wichtigste von diesen anderen Schöpfungsurkunden ist ohne Zweifel die Ontogenie oder Keimesgeschichte; denn sie wiederholt uns kurz in großen, markigen Zügen das Bild der Stammesgeschichte oder Phylogenie.

Allerdings ist die Skizze, welche uns die Ontogenie der Organismen von ihrer Phylogenie gibt, in den meisten Fällen mehr oder weniger verwischt, und zwar um so mehr, je mehr die Anpassung im Laufe der Zeit das Übergewicht über die Vererbung erlangt hat, und je mächtiger das Gesetz der abgekürzten Vererbung und das Gesetz der wechselbezüglichen Anpassung eingewirkt haben. Allein dadurch wird der hohe Wert nicht vermindert, welchen die wirklich treu erhaltenen Züge jener Skizze besitzen. Besonders für die Erkenntnis der frühesten paläontologischen Entwicklungszustände ist die Ontogenie von ganz unschätzbaren Werte, weil gerade von den ältesten Entwicklungsstufen der Stämme und Klassen uns gar keine versteinerten Reste erhalten worden sind und auch schon wegen der weichen und zarten Körperbeschaffenheit derselben nicht erhalten bleiben konnten. Keine Versteinerung könnte uns von der unschätzbar wichtigen Tatsache berichten, welche die Ontogenie uns erzählt, daß die ältesten gemeinsamen Vorfahren aller verschiedenen Tier- und Pflanzenarten ganz einfache Zellen, gleich den Eiern waren. Keine Versteinerung könnte uns die unendlich wertvolle, durch die Ontogenie festgestellte Tatsache beweisen, daß durch einfache Vermehrung, Gemeindebildung und Arbeitsteilung jener Zellen die unendlich mannigfaltigen Körperformen der vielzelligen Organismen entstanden. Allein schon die Gastrulation ist eine der wichtigsten Stammesurkunden. So hilft uns die Ontogenie über viele und große Lücken der Paläontologie hinweg.

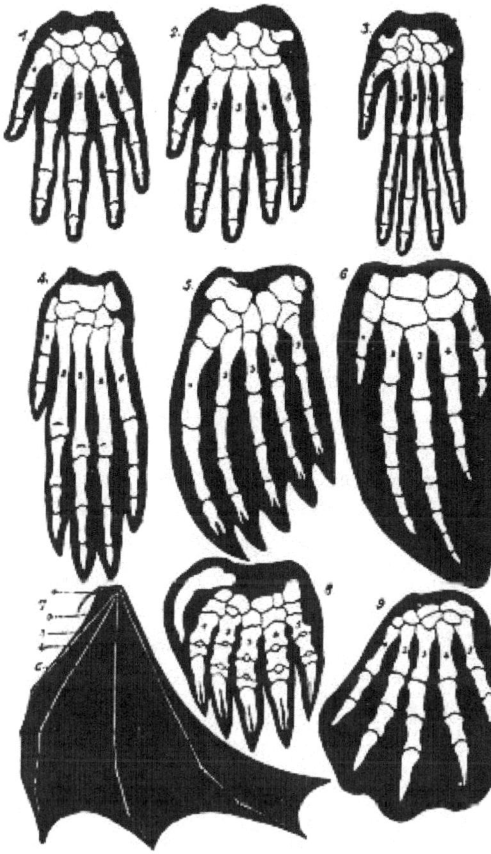

Hand von neun verschiedenen Säugetieren.
1. Mensch. 2. Gorilla. 3. Orang. 4. Hund. 5. Seehund. 6. Delphin. 7. Fledermaus. 8. Maulwurf. 9. Schnabeltier.

Zu den unschätzbaren Schöpfungsurkunden der Paläontologie und Ontogenie gesellen sich nun drittens die nicht minder wichtigen Zeugnisse für die Blutsverwandtschaft der Organismen, welche uns die vergleichende Anatomie liefert. Wenn äußerlich sehr verschiedene Organismen in ihrem inneren Bau nahezu übereinstimmen, so können wir daraus mit voller Sicherheit schließen, daß diese Übereinstimmung ihren Grund in der Vererbung, jene Ungleichheit dagegen ihren Grund in der Anpassung hat. Betrachten Sie z. B. vergleichend die Hände oder Vorderpfoten der neun verschiedenen Säugetiere, welche auf Seite 87 abgebildet sind, und bei denen das knöcherne Skelettgerüst im Innern der Hand und der fünf Finger sichtbar ist. Überall finden sich bei der verschiedensten äußeren Form dieselben Knochen in derselben Zahl, Lagerung und Verbindung wieder. Daß die Hand des Menschen (Fig. 1) von derjenigen seiner nächsten

Verwandten, des Gorilla (Fig. 2) und des Orang (Fig. 3), sehr wenig verschieden ist, wird vielleicht sehr natürlich erscheinen. Wenn aber auch die Vorderpfote des Hundes (Fig. 4), sowie die Brustflosse (die Hand) des Seehundes (Fig. 5) und des Delphins (Fig. 6) ganz denselben wesentlichen Bau zeigt, so wird dies schon mehr überraschen. Und noch wunderbarer wird es Ihnen vorkommen, daß auch der Flügel der Fledermaus (Fig. 7), die Grabschaufel des Maulwurfs (Fig. 8) und der Vorderfuß des unvollkommensten aller Säugetiere, des Schnabeltieres (Fig. 9) ganz aus denselben Knochen zusammengesetzt ist. Nur die Größe und Form der Knochen ist vielfach geändert. Die Zahl und die Art ihrer Anordnung und Verbindung ist dieselbe geblieben. Es ist ganz undenkbar, daß irgendeine andere Ursache als die gemeinschaftliche Vererbung von gemeinsamen Stammeltern diese wunderbare Homologie oder Gleichheit im wesentlichen inneren Bau bei so verschiedener äußerer Form verursacht habe. Und wenn Sie nun im System von den Säugetieren weiter hinuntersteigen und finden, daß sogar bei den Vögeln die Flügel, bei den Reptilien und Amphibien die Vorderfüße wesentlich in derselben Weise aus denselben Knochen zusammengesetzt sind, wie die Arme des Menschen und die Vorderbeine der übrigen Säugetiere, so können Sie schon daraus auf die gemeinsame Abstammung aller dieser Wirbeltiere mit voller Sicherheit schließen. Der Grad der inneren Formverwandtschaft enthüllt Ihnen hier, wie überall, den Grad der wahren Stammverwandtschaft.

(Aus „Natürliche Schöpfungsgeschichte".)

III.
Die Gasträatheorie.

Die ersten Vorgänge der individuellen Entwicklung, welche nach erfolgter Befruchtung der Eizelle und Bildung der Stammzelle eintreten, sind im ganzen Tierreiche wesentlich dieselben; sie beginnen überall mit der sogenannten Eifurchung und Keimblätterbildung. Nur die niedersten und einfachsten Tiere, die Urtiere oder Protozoen, machen davon eine Ausnahme; denn sie bleiben zeitlebens einzellig. Zu diesen Urtieren gehören die Amöben, Gregarinen, Rhizopoden, Infusorien usw. Da ihr ganzer Organismus nur durch eine einzige Zelle repräsentiert wird, können sie niemals „Keimblätter“, d. h. bestimmt geformte Zellenschichten bilden. Alle übrigen Tiere dagegen, alle Gewebetiere oder Metazoen (wie wir sie im Gegensatz zu jenen Protozoen nennen) bilden durch wiederholte Teilung der befruchteten Eizelle echte Keimblätter. Das gilt ebensowohl von den niederen Nesseltieren und Wurmtieren, wie von den höher entwickelten Weichtieren, Sterntieren, Gliedertieren und Wirbeltieren.

Bei allen diesen Metazoen oder vielzelligen Tieren sind die wichtigsten Vorgänge der Keimung im wesentlichen gleich, obwohl sie, äußerlich betrachtet, oft sehr verschieden erscheinen. Überall zerfällt die Stammzelle, welche aus der befruchteten Eizelle hervorgegangen ist, zunächst durch wiederholte Teilung in eine große Anzahl von einfachen Zellen. Diese Zellen sind alle direkte Nachkommen der Stammzelle und werden aus später zu erörternden Gründen als Furchungszellen oder „Furchungskugeln“ bezeichnet (Blastomera oder Segmentella). Der wiederholte Teilungsprozeß der Stammzelle, durch welchen die Furchungszellen entstehen, ist schon lange unter dem Namen der Eifurchung oder schlechtweg „Furchung“ (Segmentatio) bekannt. Früher oder später treten die Furchungszellen zur Bildung einer runden (ursprünglich kugeligen) Keimblase (Blastula) zusammen; dann aber sondern sie sich in zwei wesentlich verschiedene Gruppen und ordnen sich in zwei getrennte Zellenschichten: die beiden primären Keimblätter. Diese umschließen eine Verdauungshöhle, den Urdarm, mit einer Öffnung, dem Urmund. Die bedeutungsvolle Keimform, welche diese ältesten Primitivorgane besitzt, nennen wir Gastrula, den Vorgang ihrer Entstehung Gastrulation. Dieser ontogenetische Vorgang besitzt die höchste Bedeutung und ist der eigentliche Ausgangspunkt für die Gestaltung des vielzelligen Tierkörpers.

Die fundamentalen Keimungsprozesse der Eifurchung und der Keimblätterbildung sind erst in den letzten dreißig Jahren vollkommen klar erkannt und in ihrer wahren Bedeutung richtig gewürdigt worden. Sie bieten in den verschiedenen Tiergruppen mancherlei auffallende Verschiedenheiten dar, und es war nicht leicht, die wesentliche Gleichheit oder Identität derselben im ganzen Tierreiche nachzuweisen. Erst nachdem ich 1872 die Gasträatheorie aufgestellt und später (1875) alle die einzelnen Formen der Eifurchung und Gastrulabildung auf eine und dieselbe Grundform zurückgeführt hatte, konnte jene wichtige Identität als wirklich bewiesen angesehen werden. Es ist damit ein einheitliches Gesetz gewonnen, welches die ersten Vorgänge der Keimung bei sämtlichen Tieren beherrscht.

Der Mensch verhält sich in bezug auf diese ersten und wichtigsten Vorgänge jedenfalls durchaus gleich den übrigen höheren Säugetieren, und zunächst den Affen. Da der menschliche Keim oder Embryo selbst noch in einem viel späteren Stadium der Ausbildung, wo bereits Gehirnblasen, Augen, Gehörorgane, Kiemenbogen usw. angelegt sind, nicht wesentlich von dem gleichgeformten Keime der übrigen höheren Säugetiere verschieden ist, so dürfen wir mit voller Sicherheit annehmen, daß auch die ersten Vorgänge der Keimung, der Eifurchung und Keimblätterbildung dieselben sind. Wirklich beobachtet sind diese Verhältnisse allerdings bisher noch nicht. Da aber sowohl die jüngsten wirklich beobachteten menschlichen Embryonen (in Form von Keimblasen), als auch die darauf folgenden weiter entwickelten Keimformen mit denjenigen des Kaninchens, des Hundes und anderer höherer Säugetiere wesentlich übereinstimmen, so wird kein vernünftiger Mensch daran zweifeln, daß auch die Eifurchung und Keimblätterbildung hier geradeso wie dort verläuft.

Nun ist aber die besondere Form, welche die Eifurchung und Keimblätterbildung bei den Säugetieren besitzt, keineswegs die ursprüngliche, einfache und palingenetische Form der Keimung. Vielmehr ist dieselbe infolge von zahlreichen embryonalen Anpassungen sehr stark abgeändert, gestört oder cenogenetisch modifiziert. Wir können dieselbe daher unmöglich an und für sich allein verstehen. Vielmehr müssen wir, um zu diesem Verständnis zu gelangen, die verschiedenen Formen der Eifurchung und Keimblätterbildung im Tierreiche vergleichend betrachten; und vor allem müssen wir die ursprüngliche, palingenetische Form derselben aufsuchen, aus welcher die abgeänderte, cenogenetische Form der Säugetierkeimung erst viel später allmählich entstanden ist.

Diese ursprüngliche, palingenetische Form der Eifurchung und Keimblätterbildung besteht im Stamme der Wirbeltiere, zu welchem der Mensch gehört, heutzutage einzig und allein noch beim niedersten und ältesten Gliede dieses Stammes, bei dem wunderbaren Lanzettierchen oder Amphioxus. Dieselbe palingenetische Form der Keimung finden wir aber in ganz gleicher Weise auch noch bei vielen niederen, wirbellosen Tieren vor, so z. B. bei der merkwürdigen Seescheide (Ascidia), bei der Teichschnecke (Limnaeus), beim Pfeilwurm (Sagitta), ferner bei sehr vielen Sterntieren und Nesseltieren, so z. B. beim gewöhnlichen Seestern und Seeigel, bei vielen Medusen und Korallen und bei den einfachsten Schwämmen (Olynthus).

Wir wollen hier als Beispiel die palingenetische Eifurchung und Keimblätterbildung einer achtzähligen Einzelkoralle betrachten, welche ich 1873 im Roten Meere entdeckt und in meinen „Arabischen Korallen“ als Monoxenia Darwinii beschrieben habe.

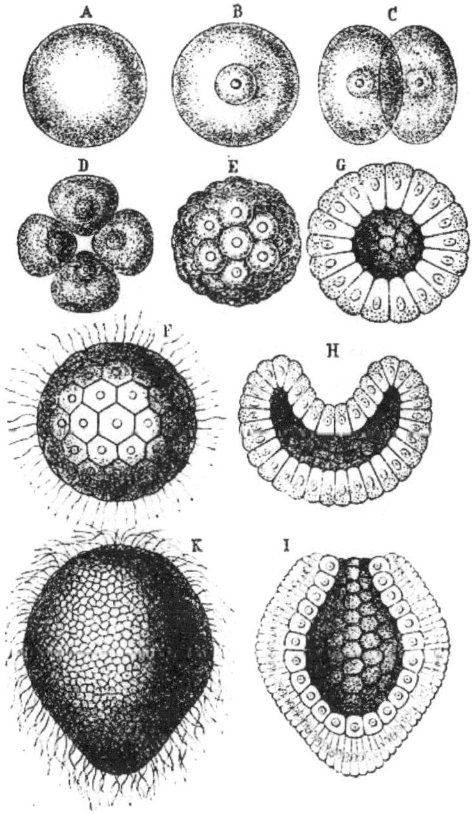

Fig. 1. Gastrulation einer Koralle (Monoxenia Darwinii).

Die befruchtete Eizelle dieser Koralle (siehe die Abbildungen S. 93) zerfällt zunächst durch Teilung in zwei gleiche Zellen (C). Zuerst teilt sich der Kern der Stammzelle und das anhängende Centrosoma in zwei gleiche Hälften, diese stoßen sich ab, weichen auseinander und wirken als Anziehungsmittelpunkte auf das umgebende Protoplasma; infolgedessen schnürt sich das letztere durch eine Ringfurche ringsherum ein und geht ebenfalls in zwei gleiche Hälften auseinander. Jede der beiden so entstandenen „Furchungszellen“ zerfällt auf dieselbe Weise wiederum in zwei gleiche Zellen, und zwar liegt die Trennungsebene dieser beiden letzteren senkrecht auf derjenigen der beiden ersteren (Fig. D). Die vier gleichen Furchungszellen (die Enkelinnen der Stammzelle) liegen in einer Ebene. Jetzt teilt sich jede derselben abermals in zwei gleiche Hälften, und wiederum geht die Teilung des Zellkernes derjenigen des umhüllenden Protoplasma voraus. Die so entstandenen acht Furchungszellen zerfallen auf die gleiche Weise wieder in sechzehn. Aus diesen werden durch abermalige Teilung 32 Furchungszellen. Indem jede von diesen sich halbiert, entstehen 64, weiterhin 128 Zellen usw. Das Endresultat dieser wiederholten gleichmäßigen Zweiteilung ist die Bildung eines kugeligen Haufens von gleichartigen Furchungszellen, und diesen nennen wir Maulbeerkeim (Morula). Die Zellen liegen so dicht gedrängt aneinander, wie die Körner einer Maulbeere oder Brombeere, und daher erscheint die Oberfläche der Kugel im ganzen höckerig.

Nachdem die Eifurchung dergestalt beendigt ist, verwandelt sich der dichte Maulbeerkeim in eine hohle kugelige Blase. Wässerige Flüssigkeit oder Gallerte sammelt sich in der Mitte der dichten Kugel an; die Furchungszellen weichen auseinander und begeben sich alle an die Oberfläche derselben. Hier platten sie sich durch gegenseitigen Druck vielflächig ab, nehmen die Gestalt von abgestutzten Pyramiden an und ordnen sich in eine einzige Schicht regelmäßig nebeneinander (Fig. F, G). Diese Zellenschicht heißt die Keimhaut (Blastoderma); die gleichartigen Zellen, welche dieselbe in einfacher Lage zusammensetzen, nennen wir Keimhautzellen, und die ganze hohle Kugel, deren Wand die letzteren bilden, heißt Keimhautblase, auch kurz „Keimblase“ oder „Blasenkeim“ (Blastula). Der innere Hohlraum der Kugel, der mit klarer Flüssigkeit oder Gallerte gefüllt ist, heißt „Furchungshöhle“ oder Keimhöhle.

Bei unserer Koralle, wie bei vielen anderen niederen Tieren, beginnt schon jetzt der junge Tierkeim sich selbständig zu bewegen und im Wasser umherzuschwimmen. Es wächst nämlich aus jeder Keimhautzelle ein dünner und langer, fadenförmiger Fortsatz hervor, eine Peitsche oder Geißel; und diese führt selbständig langsame, später raschere Schwingungen aus (Fig. F). Jede Keimhautzelle wird so zu einer schwingenden „Geißelzelle“. Durch die vereinigte Kraft aller dieser schwingenden Geißeln wird die ganze kugelige Keimhautblase drehend oder rotierend im Wasser umhergetrieben. Bei vielen anderen Tieren, insbesondere bei solchen, wo sich der Keim innerhalb geschlossener Eihüllen entwickelt, bilden sich die schwingenden Geißelfäden an den Keimhautzellen erst später oder kommen überhaupt nicht zur Ausbildung. Die Keimhautblase kann wachsen und sich ausdehnen, indem sich die Keimhautzellen durch fortgesetzte Teilung (in der Kugelfläche!) vermehren und im inneren Hohlraum noch mehr Flüssigkeit ausgeschieden wird. Es gibt noch heute einige Organismen, welche auf der Bildungsstufe der Blastula zeitlebens stehenbleiben, Hohlkugeln, welche durch Flimmerbewegung im Wasser umherschwimmen und deren Wand aus einer einzigen Zellenschicht besteht: die Kugeltierchen (Volvox), die Flimmerkugeln (Magosphaera, Synura) und andere.

Jetzt tritt ein sehr wichtiger und merkwürdiger Vorgang ein, nämlich die Einstülpung der Keimblase (Fig. H). Aus der Kugel mit einschichtiger Zellenwand wird ein Becher mit zweischichtiger Zellenwand (Fig. G, H, I). An einer bestimmten Stelle der Kugeloberfläche bildet sich eine Abplattung, die sich zu einer Grube vertieft. Diese Grube wird tiefer und tiefer; sie wächst auf Kosten der inneren Keimhöhle oder Furchungshöhle. Die letztere nimmt immer mehr ab, je mehr sich die erstere ausdehnt. Endlich verschwindet die innere Keimhöhle ganz, indem sich der innere, eingestülpte Teil der Keimhaut (oder die Wand der Grube) an den äußeren, nicht eingestülpten Teil derselben innig anlegt. Zugleich nehmen die Zellen der beiden Teile verschiedene Gestalt und Größe an; die inneren Zellen werden mehr rundlich, die äußeren mehr länglich (Fig. I). So bekommt der Keim die Gestalt eines becherförmigen oder krugförmigen Körpers, dessen Wand aus zwei verschiedenen Zellenschichten besteht, und dessen innere Höhlung sich am einen Ende (an der ursprünglichen Einstülpungsstelle) nach außen öffnet. Diese höchst wichtige und interessante Keimform nennen wir Becherkeim oder Becherlarve (Gastrula, Fig. 1 I im Längsschnitt, K von außen).

Die Gastrula halte ich für die wichtigste und bedeutungsvollste Keimform des Tierreichs. Denn bei allen echten Tieren (nach Ausschluß der einzelligen Protozoen) geht aus der Eifurchung entweder eine reine, ursprüngliche, palingenetische Gastrula hervor, oder doch eine gleichbedeutende cenogenetische Keimform, die sekundär aus der ersteren entstanden ist und sich unmittelbar darauf zurückführen läßt. Sicher ist es eine Tatsache von höchstem Interesse und von der größten Bedeutung, daß Tiere der verschiedensten Stämme: Wirbeltiere und Manteltiere, Weichtiere und Gliedertiere, Sterntiere und Wurmtiere, Nesseltiere und Schwammtiere sich aus einer und derselben Keimform entwickeln. Als redende Beispiele stelle ich hier einige reine Gastrulaformen aus verschiedenen Tierstämmen nebeneinander:

Fig. 2.

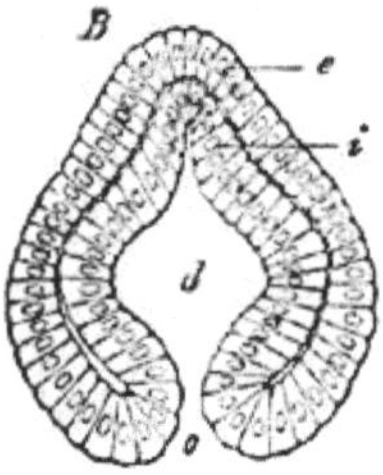

Fig. 3.

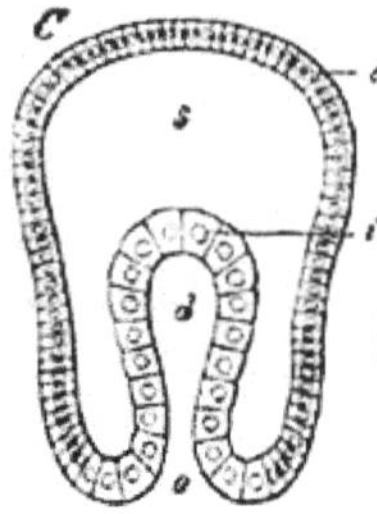

Fig. 4.

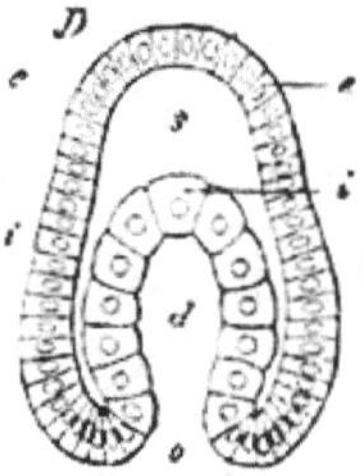

Fig. 5.

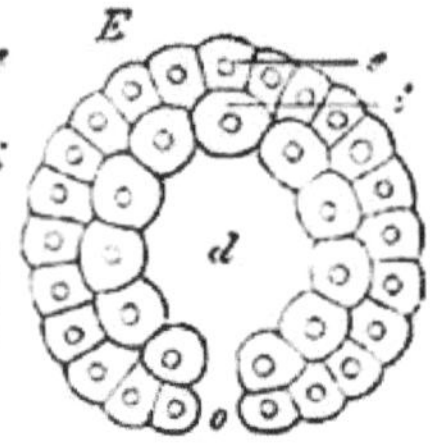

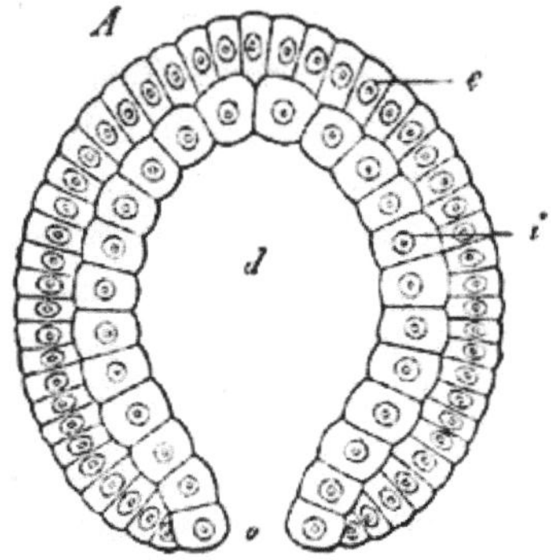

Fig. 6.

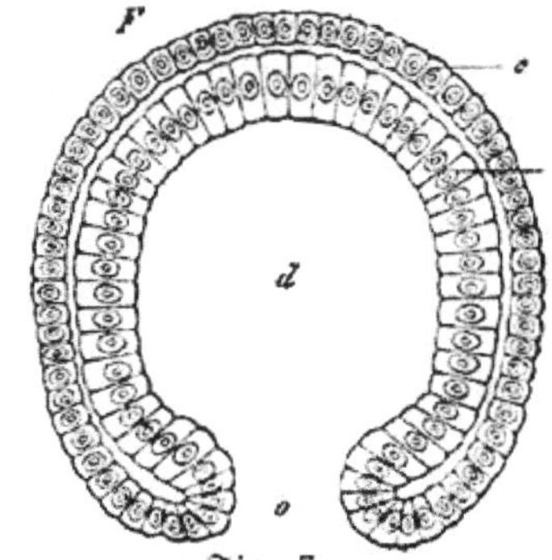

Fig. 7.

Fig. 2 (B). Gastrula eines Wurmes (Pfeilwurm, Sagitta) nach Kowalevsky. — Fig. 3 (C). Gastrula eines Echinodermen (Seestern, Uraster), nicht völlig eingestülpt (Depula), nach Alexander Agassiz. — Fig. 4 (D). Gastrula eines Arthropoden (Urkrebs, Nauplius) (wie 3). — Fig. 5. (E). Gastrula eines Mollusken (Teichschnecke, Limnaeus), nach Karl Rabl. — Fig. 6 (A). Gastrula eines einfachsten Urdarmtieres, einer Gasträade (Gastrophysema), Haeckel. — Fig. 7 (F). Gastrula eines Wirbeltieres (Lanzettierchen, Amphioxus), nach Kowalevsky. (Frontal-Ansicht.) — Überall bedeutet: d Urdarmhöhle. o Urmund. s Furchungshöhle. i Entoderm (Darmblatt). e Ektoderm (Hautblatt).

Bei dieser außerordentlichen Bedeutung der Gastrula müssen wir die Zusammensetzung ihrer ursprünglichen Körperform auf das genaueste untersuchen. Gewöhnlich ist die typische reine Gastrula sehr klein, mit bloßem Auge nicht sichtbar oder höchstens unter günstigen Umständen als ein feiner Punkt erkennbar, meistens von 1/20-1/10, seltener von 1/5-1/2 mm Durchmesser (bisweilen mehr). Ihre Gestalt gleicht meistens einem rundlichen Becher, bald ist sie mehr eiförmig, bald mehr ellipsoid oder spindelförmig; bei einigen mehr halbkugelig oder fast kugelig, bei anderen wiederum mehr in die Länge gestreckt oder fast zylindrisch. Sehr charakteristisch ist die geometrische Grundform des Körpers, welche durch eine einzige Achse mit zwei verschiedenen Polen bestimmt wird. Diese Achse ist die Hauptachse oder Längsachse des späteren Tierkörpers; der eine

Pol ist der Mundpol; der entgegengesetzte der Gegenmundpol. Bei den Bilaterien oder den höheren Tieren mit zweiseitiger Grundform nimmt die cenogenetisch abgeänderte Gastrula gewöhnlich schon frühzeitig ebenfalls die bilaterale (dreiachsige) Grundform an. Durch die einachsige Grundform unterscheidet sich die Gastrula sehr wesentlich von der kugeligen Blastula und Morula, bei denen alle Körperachsen gleich sind. Der Querschnitt der primären Gastrula ist kreisrund.

Die innere Höhle des Gastrulakörpers bezeichne ich als Urdarm (Progaster) und seine Öffnung als Urmund (Prostoma). Denn jene Höhle ist die ursprüngliche Ernährungshöhle oder Darmhöhle des Körpers, und diese Öffnung hat anfänglich zur Nahrungsaufnahme in denselben gedient. Später allerdings verhalten sich Urdarm und Urmund in den verschiedenen Tierstämmen sehr verschieden. Bei den meisten Nesseltieren und vielen Wurmtieren bleiben sie zeitlebens bestehen. Bei den meisten höheren Tieren hingegen, und so auch bei den Wirbeltieren, geht nur der größere mittlere Teil des späteren Darmrohrs aus dem Urdarme hervor; die spätere Mundöffnung bildet sich neu, während der Urmund zuwächst oder sich in den After umwandelt. Wir müssen also wohl unterscheiden zwischen dem Urmund und Urdarm der Gastrula einerseits und zwischen dem Nachdarm und Nachmund des ausgebildeten Wirbeltieres anderseits.

Von der größten Bedeutung sind die beiden Zellenschichten, welche die Urdarmhöhle umschließen und deren Wand allein zusammensetzen. Denn diese beiden Zellenschichten, die einzig und allein den ganzen Körper bilden, sind nichts anderes als die beiden primären Keimblätter oder die Urkeimblätter (Blastophylla). Die äußere Zellenschicht ist das Hautblatt oder Ektoderma (Fig. 2-7 e); die innere Zellenschicht ist das Darmblatt oder Entoderma (i). Ersteres wird auch oft als Ektoblast oder Epiblast, letzteres als Endoblast oder Hypoblast bezeichnet. Aus diesen beiden primären Keimblättern allein baut sich der ganze Körper bei allen Metazoen oder vielzelligen Tieren auf. Das Hautblatt liefert die äußere Oberhaut, das Darmblatt hingegen die innere Darmhaut. Zwischen beiden Keimblättern bildet sich später das mittlere Keimblatt (Mesoderma) und die mit Blut oder Lymphe erfüllte Leibeshöhle (Coeloma).

Die beiden primären Keimblätter wurden zuerst im Jahre 1817 von Pander beim bebrüteten Hühnchen klar unterschieden, das äußere als seröses, das innere als muköses Blatt oder Schleimblatt. Aber ihre volle Bedeutung wurde erst von Baer erkannt, welcher in seiner klassischen Entwicklungsgeschichte (1828) das äußere als animales, das innere als vegetatives bezeichnete. Diese Bezeichnung ist insofern passend, als aus dem äußeren Blatte vorzugsweise (wenn auch nicht ausschließlich) die animalen Organe der Empfindung: Haut, Nerven und Sinnesorgane entstehen; hingegen aus dem inneren Blatte vorzugsweise die vegetativen Organe der

Ernährung und Fortpflanzung, namentlich der Darm und das Blutgefäßsystem. Zwanzig Jahre später (1849) wies dann Huxley darauf hin, daß bei vielen niederen Pflanzentieren, namentlich Medusen, der ganze Körper eigentlich zeitlebens nur aus diesen beiden primären Keimblättern besteht. Bald darauf führte Allman (1853) für dieselben die Benennung ein, die bald allgemein angenommen wurde; er nannte das äußere Ektoderm (Außenblatt), das innere Entoderm (Innenblatt). Aber erst seit dem Jahre 1867 wurde (vorzugsweise von Kowalevsky) durch vergleichende Beobachtung der Nachweis geführt, daß auch bei wirbellosen Tieren der verschiedensten Klassen, bei Wurmtieren, Weichtieren, Sterntieren und Gliedertieren, der Körper sich aus denselben beiden primären Keimblättern aufbaut. Endlich habe ich selbst auch bei den niedersten Gewebetieren, bei den Schwämmen oder Spongien, dieselben (1872) nachgewiesen und zugleich in meiner Gasträatheorie den Beweis zu führen gesucht, daß diese „Grenzblätter" überall, von den Schwämmen und Korallen bis zu den Insekten und Wirbeltieren hinauf (also auch beim Menschen) als gleichbedeutend oder homolog aufzufassen sind. Diese fundamentale „Homologie der primären Keimblätter und des Urdarms" ist im Laufe der letzten dreißig Jahre durch die sorgfältigen Untersuchungen zahlreicher vortrefflicher Beobachter bestätigt und jetzt für sämtliche Metazoen fast allgemein anerkannt worden.

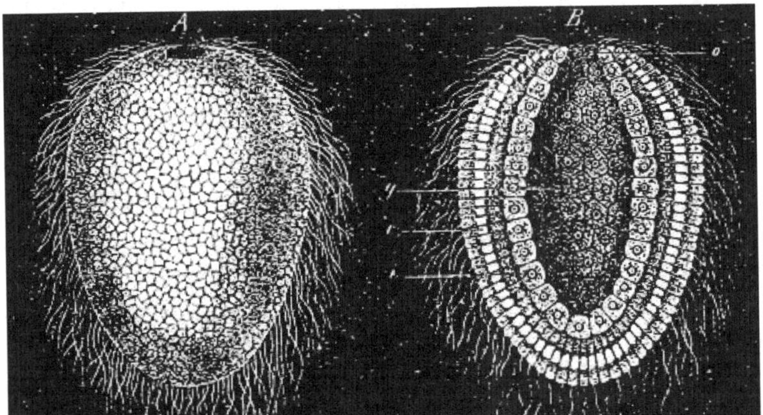

Fig. 8. Gastrula eines niederen Schwammes (Olynthus). A von außen, B im Längsschnitte durch die Achse. g Urdarm (primitive Darmhöhle). o Urmund (primitive Mundöffnung). i innere Zellenschicht der Körperwand (inneres Keimblatt, Entoderm, Endoblast oder Darmblatt). c äußere Zellenschicht (äußeres Keimblatt, Ektoderm, Ektoblast oder Hautblatt).

Gewöhnlich bieten auch schon am Gastrulakeim die Zellen, welche die beiden primären Keimblätter zusammensetzen, erkennbare Verschiedenheiten dar. Meistens (wenn auch nicht immer) sind die Zellen des Hautblattes oder Ektoderms (Fig. 8c, 9e) kleiner, zahlreicher, heller, hingegen die Zellen des Darmblattes oder Entoderms (i) größer, weniger zahlreich und dunkler. Das Protoplasma der Ektodermzellen ist klarer und fester als die trübere und weichere Zellsubstanz der Entodermzellen, letztere sind meist viel reicher an Dotterkörnern (Eiweiß- und Fettkörnchen) als erstere. Auch besitzen die Darmblattzellen gewöhnlich eine stärkere Verwandtschaft zu Farbstoffen und färben sich in Karminlösung, Anilin usw. rascher und lebhafter als die Hautblattzellen. Die Kerne der Entodermzellen sind meistens rundlich, diejenigen der Ektodermzellen hingegen länglich.

Diese physikalischen, chemischen und morphologischen Unterschiede der beiden Keimblätter, welche ihrem physiologischen Gegensatze entsprechen, sind auch insofern von hohem Interesse, als sie uns den ersten und ältesten Vorgang der Sonderung oder Differenzierung im Tierkörper vor Augen führen. Die Keimhaut (Blastoderma), welche die Wand der kugeligen Keimhautblase oder Blastula bildet, besteht bloß aus einer einzigen Schicht von gleichartigen Zellen. Diese Keimhautzellen oder Blastodermzellen sind ursprünglich sehr regelmäßig und gleichartig gebildet, von ganz gleicher Größe, Form und Beschaffenheit. Meistens sind sie durch gegenseitigen Druck abgeplattet, sehr oft regelmäßig sechseckig. Sie bilden das erste Gewebe des Metazoen-Organismus, ein einfaches Zellenpflaster oder Epithelium. Die Gleichmäßigkeit dieser Zellen verschwindet früher oder später während der Einstülpung der Keimhautblase. Die Zellen, welche den eingestülpten, inneren Teil derselben (das spätere Entoderm) zusammensetzen, nehmen gewöhnlich schon während des Einstülpungs-Vorganges selbst eine andere Beschaffenheit an als die Zellen, welche den äußeren, nicht eingestülpten Teil (das spätere Ektoderm) konstituieren. Wenn der Einstülpungs-Prozeß vollendet ist, treten die histologischen Verschiedenheiten in den Zellen der beiden primären Keimblätter meist sehr auffallend hervor.

Wir haben bisher nur diejenige Form der Eifurchung und der Gastrula ins Auge gefaßt, welche wir aus vielen und gewichtigen Gründen als die ursprüngliche, die primordiale oder palingenetische aufzufassen berechtigt sind. Wir können sie die äquale oder gleichmäßige Furchung nennen, weil die Furchungszellen zunächst gleich bleiben. Die daraus hervorgehende Gastrula bezeichnen wir als Glocken-Gastrula oder Archigastrula. In ganz gleicher Form, wie bei unserer Koralle treffen wir dieselbe auch bei den niedersten Pflanzentieren an, bei Gastrophysema (Fig. 6) und bei den einfachsten Schwämmen (Olynthus, Fig. 8); ferner bei vielen Medusen und Hydrapolypen, bei niederen Würmern verschiedener Klassen (Brachiopoden, Sagitta, Fig. 2), bei Manteltieren (Ascidia); sodann bei vielen Sterntieren (Fig. 3), niederen Gliedertieren (Fig. 4) und Weichtieren (Fig. 5);

endlich ein wenig modifiziert auch beim niedersten Wirbeltiere (Amphioxus).

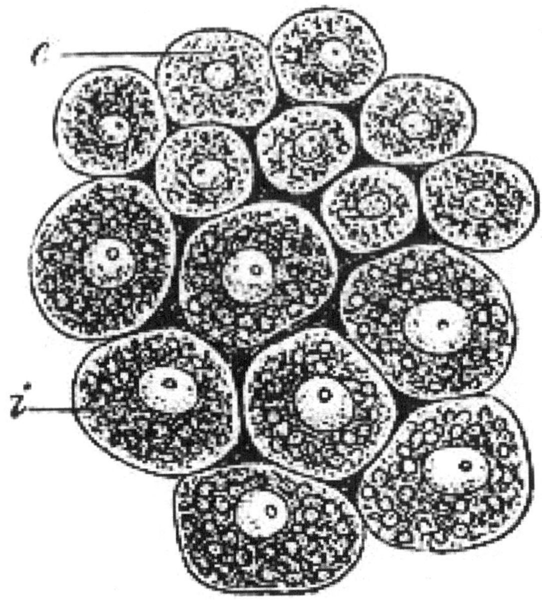

Fig. 9. Zellen aus den beiden primären Keimblättern d. Säugetieres (aus den beiden Schichten der Keimhaut). i größere dunklere Zellen der inneren Schicht, des vegetativen Keimblattes od. Entoderms. e kleinere hellere Zellen der äußeren Schicht, des animalen Keimblattes oder Ektoderms.

Die Gastrulation des Amphioxus ist deshalb von besonderem Interesse, weil dieses niederste und älteste aller Wirbeltiere die größte Bedeutung für die Phylogenie dieses Stammes, also auch für unsere Anthropogenie besitzt. Wie die vergleichende Anatomie der Wirbeltiere die verwickelten Verhältnisse im Körperbau der verschiedenen Klassen durch divergente Entwicklung aus jenem einfachsten „Urwirbeltier“ ableitet, so führt die vergleichende Ontogenie die verschiedenen sekundären Gastrulationsformen der Wirbeltiere auf die einfache, primäre Keimblätterbildung des Amphioxus zurück. Obwohl diese letztere, im Gegensatze zu den cenogenetischen Modifikationen der ersteren, im ganzen als palingenetisch zu betrachten ist, so unterscheidet sie sich doch schon in einigen Punkten von der ganz ursprünglichen Gastrulation, wie sie z. B. bei Monoxenia und bei Sagitta vorliegt. Aus der mustergültigen Darstellung von Hatschek (1881) geht hervor, daß die beiderlei Zellenarten der Keimblätter beim Amphioxus, wie bei vielen anderen Tieren, schon frühzeitig während des Furchungsprozesses ungleiche Beschaffenheit annehmen. Nur die vier ersten Furchungszellen, welche durch zwei vertikale, sich rechtwinklig schneidende Teilungsebenen getrennt werden, sind vollkommen gleich. Die dritte horizontale Furchungsebene liegt nicht im Äquator des Eies, sondern ein wenig oberhalb desselben, so daß sie jene vier Blastomeren in ungleiche Hälften teilt: vier obere kleinere und vier untere größere; jene bilden die animale, diese die vegetale Hemisphäre. Hatschek sagt daher mit Recht, daß die Eifurchung des Amphioxus keine streng äquale, sondern eine adäquale oder „fastgleiche" sei und sich der inäqualen nähere. Auch im weiteren Verlaufe des Furchungsprozesses bleibt der Größenunterschied der beiderlei Zellgruppen bemerkbar; die kleineren, animalen Zellen der oberen Halbkugel teilen sich rascher als die größeren vegetalen Zellen der unteren Hemisphäre (Fig. 10 A, B). Daher besteht denn auch die Keimhaut, welche am Ende des Furchungsprozesses die einschichtige Wand der kugeligen Keimblase bildet, nicht aus lauter gleichartigen und gleich großen Zellen, wie bei Sagitta und Monoxenia; sondern die Zellen der oberen Blastodermhälfte sind zahlreicher und kleiner (Mutterzellen des Ektoderms), die Zellen der unteren Hälfte weniger zahlreich, aber größer (Mutterzellen des Entoderms); mithin ist auch die Furchungshöhle der Keimblase (Fig 10 C, h) nicht vollkommen kugelig, sondern ein abgeplattetes Sphäroid, mit ungleichen Polen der vertikalen Achse. Während am Vegetalpole der Achse die Blastula eingestülpt wird, nimmt der Größenunterschied der Keimhautzellen beständig zu (Fig. 10 D, E); er ist am auffallendsten, nachdem die Invagination vollendet und die Furchungshöhle verschwunden ist (Fig. 10 F). Die größeren vegetalen Zellen des Entoderms sind reicher an eingelagerten Körnern und daher trüber als die kleineren und helleren animalen Zellen des Ektoderms.

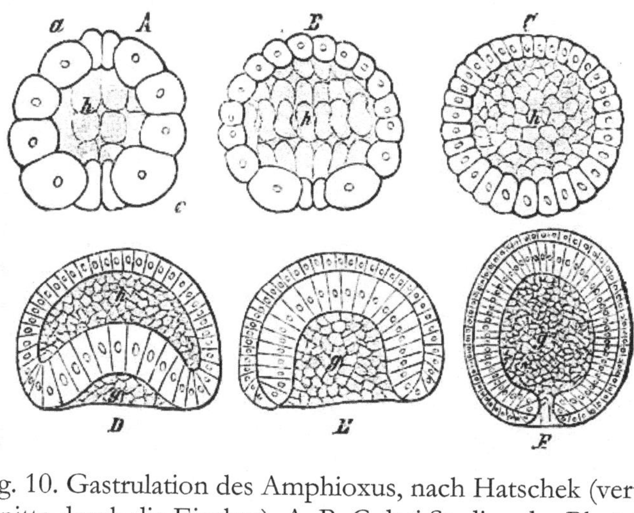

Fig. 10. Gastrulation des Amphioxus, nach Hatschek (vertikale Durchschnitte durch die Eiachse). A, B, C drei Stadien der Blastulabildung; D, E Einstülpung der Blastula; F fertige Gastrula. h Furchungshöhle. g Urdarmhöhle.

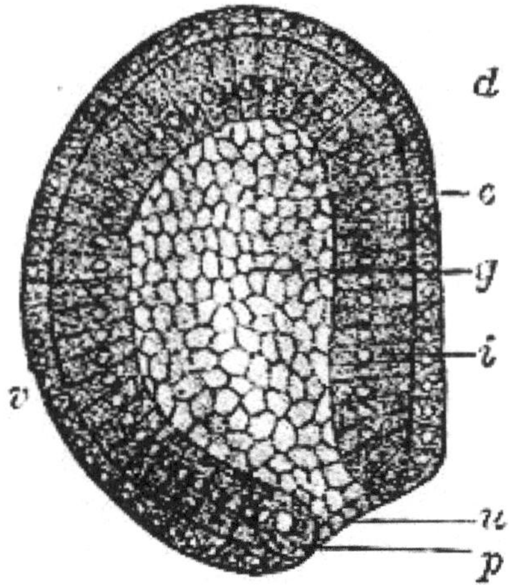

Fig. 11. Gastrula des Amphioxus in der Seitenansicht von links (optischer Medianschnitt). Nach Hatschek. g Urdarm, u Urmund, p peristomale Polzellen, i Entoderm, e Ektoderm, d Rückenseite, v Bauchseite.

Aber nicht nur durch diese frühzeitige (oder cenogenetisch vorzeitige!) Sonderung der beiderlei Keimblattzellen, sondern auch noch durch eine andere wichtige Eigentümlichkeit entfernt sich die adäquale Gastrulation des Amphioxus von der typischen äqualen Eifurchung der Sagitta, der Monoxenia und des Olynthus. Die reine Archigastrula dieser letzteren ist einachsig, ihr Querschnitt in der ganzen Länge kreisrund. Der Vegetalpol der vertikalen Achse liegt genau in der Mitte des Urmundes. Bei der Gastrula des Amphioxus ist das nicht der Fall. Schon während der Einstülpung seiner Keimblase wird die ideale Achse nach einer Seite gekrümmt, indem das Wachstum des Blastoderms (oder die Vermehrung seiner Zellen) an einer Seite lebhafter ist als an der entgegengesetzten; die rascher wachsende und daher stärker gekrümmte Seite (Fig. 11 v) ist die künftige Bauchseite, die entgegengesetzte flachere ist die Rückenseite (d). Der Urmund, welcher ursprünglich, bei der typischen Archigastrula, am Vegetalpole der Hauptachse lag, ist aus diesem auf die Rückenseite verschoben; und während seine beiden Lippen ursprünglich in einer auf der Hauptachse senkrechten Ebene lagen, sind sie jetzt so verschoben, daß diese Ebene (die Urmundebene) die Achse unter einem schiefen Winkel schneidet. Die dorsale Lippe liegt daher mehr oben und vorn, die ventrale Lippe mehr unten und hinten. In dieser letzteren, am ventralen Übergang des Entoderms in das Ektoderm, liegen nebeneinander ein paar auffallend große Zellen, eine rechte und eine linke (Fig. 11p); das sind die bedeutungsvollen Urmundpolzellen, oder die „Urzellen des Mesoderms“.

Durch diese wichtigen, schon im Laufe der Gastrulation auftretenden Sonderungen ist die ursprüngliche einachsige Grundform der Archigastrula bei Amphioxus bereits in die dreiachsige übergegangen und somit schon die zweiseitige oder „bilateralsymmetrische“ Grundform des Wirbeltieres bestimmt. Die senkrechte Mittelebene oder Sagittalebene geht zwischen den beiden Urmundpolzellen der Länge nach durch den Körper hindurch und teilt ihn in zwei gleiche Hälften, rechte und linke. Der Urmund liegt am späteren Hinterende, etwas oberhalb des Aboralpols der Längsachse. Senkrecht auf dieser Hauptachse steht in der Medianebene die Pfeilachse (Sagittalachse) oder „Dorsoventralachse“, welche die Mittellinien der flachen Rückenseite und der gewölbten Bauchseite verbindet. Die horizontale Querachse oder Lateralachse, senkrecht auf den beiden (ungleichpoligen) Achsen, ist gleichpolig und geht quer herüber von rechts nach links. Somit zeigt bereits die Gastrula des Amphioxus die charakteristische bilaterale oder zweiseitige Grundform des Wirbeltierkörpers, und diese hat sich von ihr aus auf alle anderen modifizierten Gastrulaformen dieses Stammes übertragen.

Abgesehen von dieser zweiseitigen Grundform gleicht die Gastrula des Amphioxus darin der typischen Archigastrula der niederen Tiere (Fig. 2-8), daß beide primäre Keimblätter noch aus einer einzigen einfachen Zellenschicht bestehen. Offenbar ist das die älteste und ursprünglichste Form des Metazoenkeims. Obgleich die vorhergenannten Tiere den verschiedensten Klassen angehören, so stimmen sie doch untereinander und mit vielen anderen niederen Tieren darin überein, daß sie diese von ihren ältesten gemeinsamen Vorfahren überkommene palingenetische Form der Gastrulabildung durch konservative Vererbung bis auf den heutigen Tag beibehalten haben. Bei der großen Mehrzahl der Tiere ist das aber nicht der Fall. Vielmehr ist bei diesen der ursprüngliche Vorgang der Keimung im Laufe vieler Millionen Jahre allmählich mehr oder minder abgeändert, durch Anpassung an neue Entwicklungsbedingungen gestört und modifiziert worden. Sowohl die Eifurchung als auch die darauf folgende Gastrulation haben infolgedessen ein mannigfach verschiedenes Aussehen gewonnen. Ja, die Verschiedenheiten sind im Laufe der Zeit so bedeutend geworden, daß man bei den meisten Tieren die Furchung nicht richtig gedeutet und die Gastrula überhaupt nicht erkannt hat. Erst durch ausgedehnte vergleichende Untersuchungen, welche ich in den Jahren 1866-1875 bei Tieren der verschiedensten Klassen angestellt habe, ist es mir gelungen, in jenen anscheinend so abweichenden Keimungsprozessen denselben gemeinsamen Grundvorgang nachzuweisen und alle verschiedenden Keimungsformen auf die eine, bereits beschriebene, ursprüngliche Form der Keimung zurückzuführen. Im Gegensatze zu dieser primären palingenetischen Keimungsform betrachte ich alle übrigen, davon abweichenden Formen als sekundäre, abgeänderte oder cenogenetische. Die mehr oder minder abweichende Gastrulaform, welche daraus hervorgeht, kann man allgemein als sekundäre, modifizierte Gastrula oder Metagastrula bezeichnen.

Unter den zahlreichen und mannigfaltigen cenogenetischen Formen der Eifurchung und Gastrulation unterscheide ich wieder drei verschiedene Hauptformen: 1. die ungleichmäßige Furchung; 2. die scheibenförmige Furchung und 3. die oberflächliche Furchung. Aus der ungleichmäßigen Furchung entsteht die Haubengastrula; aus der scheibenförmigen Furchung geht die Scheibengastrula hervor; aus der oberflächlichen Furchung entwickelt sich die Blasengastrula. Bei den Wirbeltieren kommt die letztere Form gar nicht vor; diese ist dagegen die gewöhnlichste bei den Gliedertieren (Krebsen, Spinnen, Insekten usw.). Die Säugetiere und Amphibien besitzen die ungleichmäßige Furchung und die Haubengastrula; ebenso die Schmelzfische (Ganoiden) und die Rundmäuler (Pricken und Inger). Hingegen finden wir bei den meisten Fischen und bei allen Reptilien und Vögeln die scheibenförmige Furchung und die Scheibengastrula.

Der weitaus wichtigste Vorgang, welcher die verschiedenen cenogenetischen Formen der Gastrulation bedingt, ist die veränderte Ernährung des Eies und die Anhäufung von Nahrungsdotter in der Eizelle. Unter diesem Begriffe fassen wir verschiedene chemische Substanzen zusammen (hauptsächlich Körner von Eiweiß- und Fettkörpern), welche ausschließlich als Reservestoff oder Nahrungsmaterial für den Keim dienen. Da der Keim der Metazoen in der ersten Zeit seiner Entwicklung noch nicht imstande ist, selbständig sich Nahrung zu verschaffen und daraus den Tierkörper aufzubauen, muß das nötige Material dazu bereits in der Eizelle aufgespeichert sein. Wir unterscheiden daher in den Eiern allgemein als zwei Hauptbestandteile den aktiven Bildungsdotter (Protoplasma) und den passiven Nahrungsdotter (Deutoplasma) auch schlechtweg „Dotter" genannt. Bei den kleinen palingenetischen Eiern sind die Dotterkörnchen so klein und so gleichmäßig im Protoplasma der Eizelle verteilt, daß die regelmäßige wiederholte Teilung derselben dadurch nicht beeinflußt wird. Bei der großen Mehrzahl der Tiereier hingegen ist die Masse des Dottervorrats mehr oder weniger ansehnlich, und derselbe ist in einem bestimmten Teile der Eizelle angehäuft, so daß man schon am unbefruchteten Ei diese „Proviantkammer" von dem Bildungsdotter deutlich unterscheiden kann. Gewöhnlich tritt dann eine polare Differenzierung der Eizelle in der Weise ein, daß eine Hauptachse an derselben sichtbar wird und daß der Bildungsdotter (mit dem Keimbläschen) an einem Pole, der Nahrungsdotter hingegen am entgegengesetzten Pole dieser Eiachse sich anhäuft; ersterer heißt dann der animale Pol, letzterer der vegetale Pol der vertikalen Eiachse.

Bei solchen „telolecithalen Eiern" erfolgt dann allgemein die Gastrulation in der Weise, daß bei der wiederholten Teilung des befruchteten Eies die animale (gewöhnlich obere) Hälfte sich rascher teilt als die vegetale (untere). Die Kontraktionen des aktiven Protoplasma, welche die fortgesetzte

Zellteilung bewirken, finden in der unteren vegetalen Hälfte größeren Widerstand des passiven Deutoplasma als in der oberen animalen Hälfte. Daher finden wir in der letzteren zahlreichere, aber kleinere, in der ersteren weniger zahlreiche, aber größere Zellen. Die animalen Zellen liefern das äußere, die vegetalen das innere Keimblatt.

Obgleich diese „ungleichmäßige Furchung" der Rundmäuler, Ganoiden und Amphibien von der ursprünglichen „gleichmäßigen Furchung" (z. B. der Monoxenia) sich auf den ersten Blick unterscheidet, haben doch beide Arten der Gastrulation das gemein, daß der Teilungsprozeß fortdauernd die ganze Eizelle betrifft. Remak nannte sie daher totale Eifurchung und die betreffenden Eier holoblastisch. Anders verhält es sich bei der zweiten Hauptgruppe der Eier, welche er jenen als meroblastische gegenüberstellte; dazu gehören die bekannten großen Eier der Vögel und Reptilien, sowie der meisten Fische. Die träge Masse des passiven Nahrungsdotters wird hier so groß, daß die Protoplasma-Kontraktionen des aktiven Bildungsdotters ihre Teilung nicht mehr zu bewältigen vermögen. Es erfolgt daher nur eine partielle Eifurchung. Während das Protoplasma im animalen Bezirk der Eizelle sich unter lebhafter Vermehrung der Kerne fortdauernd teilt, bleibt das Deutoplasma im vegetalen Bezirk mehr oder weniger ungeteilt, es wird einfach als Nahrungsmaterial von den sich bildenden Zellen aufgezehrt. Je größer die Masse des angehäuften Proviants, desto mehr erscheint der Furchungsprozeß lokal beschränkt. Jedoch kann derselbe noch lange Zeit (selbst nachdem schon die Gastrulation mehr oder weniger vollendet ist) in der Weise fortdauern, daß die im Deutoplasma verteilten vegetalen Zellkerne sich durch Teilung langsam vermehren; da jeder derselben von einer geringen Menge Protoplasma umhüllt ist, kann er sich später eine Portion des Nahrungsdotters aneignen und so eine wahre „Dotterzelle" bilden. Wenn diese vegetale Zellbildung sich noch längere Zeit fortsetzt, nachdem bereits die beiden primären Keimblätter gesondert sind, bezeichnet man den Prozeß als Nachfurchung (Waldeyer).

Die meroblastischen Eier finden sich bloß bei größeren und höher entwickelten Tieren, und nur bei solchen, deren Embryo längerer Zeit und reichlicher Ernährung zu seiner Entwicklung innerhalb der Eihüllen bedarf. Je nachdem der Nahrungsdotter zentral im Innern der Eizelle oder exzentrisch, an einer Seite derselben, angehäuft ist, unterscheiden wir zwei Gruppen von teilfurchenden Eiern, periblastische und diskoblastische. Bei den ersteren, den periblastischen Eiern, ist der Nahrungsdotter zentral, im Innern der Eizelle eingeschlossen; der Bildungsdotter umgibt ersteren blasenförmig, und daher erfährt derselbe eine oberflächliche Furchung; eine solche findet sich im Stamme der Gliedertiere, bei den Krebsen, Spinnen, Insekten usw. Bei den diskoblastischen Eiern hingegen häuft sich der Nahrungsdotter einseitig, am vegetalen oder unteren Pole der senkrechten

Eiachse an, während am oberen oder animalen Pole der Eikern und die Hauptmasse des Bildungsdotters liegt. Die Eifurchung beginnt hier am oberen Pole und führt zur Bildung einer dorsalen Keimscheibe. Das ist der Fall bei allen meroblastischen Wirbeltieren, bei den meisten Fischen, den Reptilien und Vögeln, und den eierlegenden Säugetieren (Schnabeltieren).

Die Gastrulation der diskoblastischen Eier bietet der mikroskopischen Untersuchung und der einheitlichen Erkenntnis außerordentliche Schwierigkeiten dar. Diese zu überwinden ist erst den vergleichend-ontogenetischen Untersuchungen gelungen, welche zahlreiche ausgezeichnete Beobachter während der letzten Dezennien angestellt haben; vor allen die Gebrüder Hertwig, Rabl, Kupffer, Selenka, Rückert, Goette, Rauber u. a. Diese eingehenden und sorgfältigen, mit Hilfe der vervollkommneten modernen Technik (Färbungs- und Schnittmethoden) ausgeführten Untersuchungen haben in erfreulichster Weise die Anschauungen bestätigt, welche ich zuerst 1875 in meiner Abhandlung über die „Gastrula und die Eifurchung der Tiere“ ausgeführt hatte. Da das klare Verständnis dieser phylogenetisch begründeten Anschauungen nicht allein für die Entwicklungsgeschichte im allgemeinen, sondern auch für die Anthropogenie im besonderen von fundamentaler Bedeutung ist, gestatte ich mir, dieselben hier nochmals kurz mit Beziehung auf den Wirbeltierstamm zusammenzufassen.

1. Alle Wirbeltiere, mit Inbegriff des Menschen, sind phylogenetisch verwandt, Glieder eines einzigen natürlichen Stammes. 2. Daher müssen auch die ontogenetischen Grundzüge ihrer individuellen Entwicklung phylogenetisch zusammenhängen. 3. Da die Gastrulation des Amphioxus die einfachsten Verhältnisse in der ursprünglichen palingenetischen Form zeigt, muß diejenige der übrigen Wirbeltiere sich von der ersteren ableiten lassen. 4. Die cenogenetischen Abänderungen der letzteren werden um so bedeutender, je mehr Nahrungsdotter sich im Ei ansammelt. 5. Obgleich die Masse des Nahrungsdotters in den Eiern der diskoblastischen Wirbeltiere sehr groß werden kann, geht doch in allen Fällen aus der Morula ebenso eine Keimblase oder Blastula hervor, wie bei den holoblastischen Eiern. 6. Ebenso entsteht in allen Fällen aus der Keimblase durch Einstülpung oder Invagination die Gastrula. 7. Die Höhle, welche durch diese Einstülpung im Keim entsteht, ist in allen Fällen der Urdarm und seine Öffnung der Urmund. 8. Der Nahrungsdotter, gleichviel ob groß oder klein, liegt stets in der Bauchwand des Urdarms, die Zellen, welche nachträglich (durch „Nachfurchung“) in demselben entstehen können, gehören ebenso dem inneren Keimblatt oder Endoblast an, wie die Zellen, welche die Urdarmhöhle unmittelbar einschließen. 9. Der Urmund welcher ursprünglich unten am Basalpol der vertikalen Achse liegt, wird durch das Dotterwachstum nach hinten und dann nach oben, auf die Dorsalseite des

Keimes gedrängt; die vertikale Achse des Urdarms wird dadurch allmählich in horizontale Lage gedrängt. 10. Der Urmund kommt bei allen Wirbeltieren früher oder später zum Verschlusse und geht nicht in die bleibende Mundöffnung über; vielmehr entspricht der Urmundrand der späteren Aftergegend. Von dieser bedeutungsvollen Stelle geht weiterhin die Bildung des mittleren Keimblattes aus, das von hier aus zwischen die beiden primären Keimblätter hineinwächst.

Die ausgedehnten vergleichenden Untersuchungen der vorher erwähnten Forscher haben ferner ergeben, daß bei den diskoblastischen höheren Wirbeltieren (Reptilien, Vögel, Säugetiere) der lange vergeblich gesuchte „Urmund" der Keimscheibe überall an deren Hinterende sich findet und nichts anderes ist als die längst bekannte „Primitivrinne". Das ist eine in der hinteren Rückenfläche der scheibenförmigen Gastrula gelegene Rinne, die früher irrtümlich mit dem Hinterteil des Medullarrohrs verwechselt wurde. Allerdings steht sie mit diesem eine Zeitlang in direktem Zusammenhang; allein ursprünglich ist sie nach Anlage und Bedeutung ganz davon verschieden. Die beiden parallelen Längswülste, welche diese schmale, in der Mittellinie gelegene „Primitivrinne" einschließen, sind die beiden Urmundlippen, rechte und linke. Der Urmund, der ursprünglich (bei den holoblastischen Wirbeltieren) eine kleine kreisrunde Öffnung ist, ändert also (infolge der wachsenden Anhäufung des Nahrungsdotters und der dadurch bedingten Ausdehnung der Bauchwand des Urdarms) nicht allein seine Lage und Richtung, sondern auch seine Gestalt und Ausdehnung. Er verwandelt sich zunächst in eine sichelförmige Querspalte („Sichelrinne"), an der wir eine untere und eine obere Urmundlippe unterscheiden. Die breite Querspalte wird aber bald schmäler und verwandelt sich in eine Längsspalte (ähnlich einer „Hasenscharte"), indem rechte und linke Hälfte der „Sichelrinne" sich verkürzen, der Mittelteil sich nach vorn verlängert und die beiden Hälften der dorsalen Oberlippe nach vorn auswachsen. Letztere berühren sich später in der Medianlinie und bilden den wichtigen sogenannten „Primitivstreif".

Die Gastrulation läßt sich somit bei allen Wirbeltieren auf einen und denselben Vorgang zurückführen. Ebenso lassen sich auch die verschiedenen Formen derselben bei den wirbellosen Metazoen immer auf eine von jenen vier Hauptformen der Eifurchung reduzieren. Mit Bezug auf die Unterscheidung der totalen und partiellen Eifurchung stellt sich das Verhältnis der vier Eifurchungsformen zueinander folgendermaßen:

I. Palingenetische (ursprüngliche) Furchung	1. Gleichmäßige Furchung (Glockengastrula).	A. Totale Furchung (ohne selbständigen Nahrungsdotter).

II. Cenogenetische (durch Anpassung abgeänderte) Furchung.	2. Ungleichmäßige Furchung (Haubengastrula).	
	3. Scheibenartige Furchung (Scheibengastrula).	B. Partielle Furchung (mit selbständigem Nahrungsdotter).
	4. Oberflächliche Furchung (Blasengastrula).	

Die niedersten Metazoen, welche wir kennen, nämlich die niederen Pflanzentiere (Schwämme, einfachste Polypen usw.), bleiben zeitlebens auf einer Bildungsstufe stehen, welche von der Gastrula nur sehr wenig verschieden ist; ihr ganzer Körper ist nur aus zwei Zellenschichten oder Blättern zusammengesetzt. Diese Tatsache ist von außerordentlicher Bedeutung. Denn wir sehen, daß der Mensch, und überhaupt jedes Wirbeltier, rasch vorübergehend ein zweiblätteriges Bildungsstadium durchläuft, welches bei jenen niedersten Pflanzentieren zeitlebens erhalten bleibt. Wenn wir hier wieder unser Biogenetisches Grundgesetz (Seite 35) anwenden, so gelangen wir sofort zu folgendem hochwichtigen Schlusse: „Der Mensch und alle anderen Tiere, welche in ihrer ersten individuellen Entwicklungsperiode eine zweiblätterige Bildungsstufe oder eine Gastrulaform durchlaufen, müssen von einer uralten einfachen Stammform abstammen, deren ganzer Körper zeitlebens (wie bei den niedersten Pflanzentieren noch heute) nur aus zwei verschiedenen Zellenschichten oder Keimblättern bestanden hat.“ Wir wollen diese bedeutungsvolle uralte Stammform Gasträa (d. h. Urdarmtier) nennen.

Nach dieser Gasträatheorie ist ein Organ bei allen vielzelligen Tieren ursprünglich von derselben morphologischen und physiologischen Bedeutung: der Urdarm, und ebenso müssen auch die beiden primären Keimblätter, welche die Wand des Urdarms bilden, überall als gleichbedeutend oder „homolog“ angesehen werden. Diese wichtige „Homologie der beiden primären Keimblätter“ wird einerseits dadurch bewiesen, daß überall die Gastrula ursprünglich auf dieselbe Weise entsteht, nämlich durch Einstülpung der Blastula; und anderseits dadurch, daß überall dieselben fundamentalen Organe aus den beiden Keimblättern hervorgehen. Überall bildet das äußere Keimblatt, das Hautblatt oder Ektoderm, die wichtigsten Organe des animalen Lebens: Hautdecke, Nervensystem, Sinnesorgane usw. Hingegen entstehen aus dem inneren Keimblatt, aus dem Darmblatt oder Entoderm, die wichtigsten Organe des vegetativen Lebens: die Organe der Ernährung, Verdauung, Blutbildung usw.

Bei denjenigen niederen Pflanzentieren, deren ganzer Körper zeitlebens auf der zweiblätterigen Bildungsstufe stehenbleibt, bei den Gasträaden, den einfachsten Schwämmen (Olynthus) und Polypen (Hydra), bleiben auch diese beiden Funktionsgruppen, animale und vegetative Leistungen, scharf auf die beiden einfachen primären Keimblätter verteilt. Zeitlebens behält hier das äußere Keimblatt die einfache Bedeutung einer umhüllenden Decke (einer Oberhaut) und vollzieht zugleich die Bewegungen und Empfindungen des Körpers. Hingegen das innere Keimblatt besitzt zeitlebens die einfache Bedeutung einer ernährenden Darmzellenschicht und liefert außerdem häufig noch die Fortpflanzungszellen.

Das bekannteste von diesen Gasträaden oder „gastrulaähnlichen Tieren" ist der gemeine Süßwasserpolyp (Hydra). Allerdings besitzt dieses einfachste aller Nesseltiere noch einen Kranz von Tentakeln oder Fangfäden, welcher den Mund umgibt. Auch ist das äußere Keimblatt bereits etwas histologisch differenziert. Aber diese Zutaten sind erst sekundär entstanden, und das innere Keimblatt ist eine ganz einfache Zellenschicht geblieben. In der Hauptsache hat auch die Hydra den einfachen Körperbau unserer uralten Stammutter Gasträa bis auf den heutigen Tag durch zähe Vererbung getreu konserviert.

Bei allen übrigen Tieren, und namentlich bei allen Wirbeltieren, erscheint die Gastrula nur als ein rasch vorübergehender Keimzustand. Hier verwandelt sich vielmehr bald das zweiblätterige Stadium der Keimanlage zunächst in ein dreiblätteriges und dann in ein vierblätteriges Stadium. Mit dem Zustandekommen von vier übereinander liegenden Keimblättern haben wir wieder einen festen und sicheren Standpunkt gewonnen, von welchem aus wir die weiteren, viel schwierigeren und verwickelteren Vorgänge der Ausbildung beurteilen und verfolgen können.

(Aus „Anthropogenie oder Entwicklungsgeschichte des Menschen".)

IV.
Erfahrung und Erkenntnis.

„Die wichtigsten Wahrheiten in den Naturwissenschaften sind weder allein durch Zergliederung der Begriffe der Philosophie, noch allein durch bloßes Erfahren gefunden worden, sondern durch eine denkende Erfahrung, welche das Wesentliche von dem Zufälligen in der Erfahrung unterscheidet und dadurch Grundsätze findet, aus welchen viele Erfahrungen abgeleitet werden. Dies ist mehr als bloßes Erfahren, und wenn man will, eine philosophische Erfahrung." (Johannes Müller, Handbuch der Physiologie des Menschen.)

„Vergleichen wir die morphologischen Wissenschaften mit den physikalischen Theorien, so müssen wir uns gestehen, daß erstere in jeder Hinsicht unendlich weit zurück sind. Die Ursache dieser Erscheinung liegt nun allerdings zum Teil in dem Gegenstande, dessen verwickeltere Verhältnisse sich noch am meisten der mathematischen Behandlung entziehen, aber großenteils ist auch die große Nichtachtung methodologischer Verständigung daran schuld, indem man sich einerseits durchaus nicht um scharfe Fassung der leitenden Prinzipien bekümmert, anderseits selbst die allgemeinsten und bekanntesten Anforderungen der Philosophie hintangesetzt hat, weil bei dem weiten Abstande ihrer allgemeinen Aussprüche von den Einzelheiten, mit denen sich die empirischen Naturwissenschaften beschäftigen, die Notwendigkeit ihrer Anwendung sich der unmittelbaren Auffassung entzog. So sind gar viele Arbeiter in dieser Beziehung durchaus nicht mit ihrer Aufgabe verständigt, und die Fortschritte in der Wissenschaft hängen oft rein vom Zufall ab." (Schleiden, Grundzüge der wissenschaftlichen Botanik.)

Wir erlauben uns, dieses methodologische Kapitel,[3] welches die Mittel und Wege zur Lösung unserer morphologischen Aufgaben zeigen soll, mit zwei vortrefflichen Aussprüchen von den beiden größten Morphologen einzuleiten, welche im fünften Dezennium des neunzehnten Jahrhunderts die organische Naturwissenschaft in Deutschland beherrschten. Wie Johannes Müller für die Zoologie, so hat Schleiden damals für die Botanik mit der klarsten Bestimmtheit den Weg gewiesen, welcher uns allein auf dem Gebiete der Biologie, und insbesondere auf dem der Morphologie, zu dem Ziele unserer Wissenschaft hinzuführen vermag. Dieser einzig mögliche Weg kann natürlich kein anderer sein als derjenige, welcher für alle Naturwissenschaften — oder, was dasselbe ist, für alle wahren Wissenschaften — ausschließliche Gültigkeit hat. Es ist dies der Weg der denkenden Erfahrung, der Weg der philosophischen Empirie. Wir könnten ihn ebensogut als den Weg des erfahrungsmäßigen Denkens, den Weg der empirischen Philosophie bezeichnen.

Absichtlich stellen wir die bedeutenden Aussprüche dieser beiden großen „empirischen und exakten“ Naturforscher an die Spitze dieses methodologischen Kapitels, weil wir dadurch hoffen, die Aufmerksamkeit der heutigen Morphologen und der Biologen überhaupt intensiver auf einen Punkt zu lenken, der nach unserer innigsten Überzeugung für den Fortschritt der gesamten Biologie, und der Morphologie insbesondere, von der allergrößten Bedeutung ist, der aber gerade im gegenwärtigen Zeitpunkte in demselben Maße von den allermeisten Naturforschern völlig vernachlässigt wird, als er vor allen anderen hervorgehoben zu werden verdiente. Es ist dies die gegenseitige Ergänzung von Beobachtung und Gedanken, der innige Zusammenhang von Naturbeschreibung und Naturphilosophie, die notwendige Wechselwirkung zwischen Empirie und Theorie.

Einer der größten Morphologen, den unser deutsches Vaterland erzeugt hat, Karl Ernst v. Bär, hat dem klassischen Werke, durch welches er die tierische Ontogenie, eine sogenannte „rein empirische und deskriptive Wissenschaft“, neu begründete, den Titel vorangesetzt: „Über Entwicklungsgeschichte der Tiere. Beobachtung und Reflexion.“ Wenn seine Nachfolger diese drei Worte stets bei ihren Arbeiten im Auge behalten hätten, würde es besser um unsere Wissenschaft aussehen, als es jetzt leider aussieht. „Beobachtung und Reflexion“ sollte die Überschrift jeder wahrhaft naturwissenschaftlichen Arbeit lauten können. Bei wie vielen aber ist dies möglich? Wenn wir ehrlich sein wollen, können wir ihre Zahl kaum gering genug anschlagen und finden unter Hunderten kaum eine. Und dennoch können nur durch die innigste Wechselwirkung von Beobachtung und Reflexion wirkliche Fortschritte in jeder Naturwissenschaft, und also auch in der Morphologie, gemacht werden. Hören wir weiter, was K. E. v. Bär, der „empirische und exakte“ Naturforscher, in dieser Beziehung sagt:

„Zwei Wege sind es, aus denen die Naturwissenschaft gefördert werden kann: Beobachtung und Reflexion. Die Forscher ergreifen meistens für den einen von beiden Partei. Einige verlangen nach Tatsachen, andere nach Resultaten und allgemeinen Gesetzen, jene nach Kenntnis, diese nach Erkenntnis, jene möchten für besonnen, diese für tiefblickend gelten. Glücklicherweise ist der Geist des Menschen selten so einseitig ausgebildet, daß es ihm möglich wird, nur den einen Weg der Forschung zu gehen, ohne auf den anderen Rücksicht zu nehmen. Unwillkürlich wird der Verächter der Abstraktion sich von Gedanken bei seiner Beobachtung beschleichen lassen; und nur in kurzen Perioden der Fieberhitze ist sein Gegner vermögend, sich der Spekulation im Felde der Naturwissenschaft mit völliger Hintansetzung der Erfahrung hinzugeben. Indessen bleibt immer, für die Individuen sowohl als für ganze Perioden der Wissenschaft, die eine Tendenz die vorherrschende, der man mit Bewußtsein des Zwecks sich hingibt, wenn auch die andere nicht ganz fehlt."

Mit diesen wenigen Worten ist das gegenseitige Wechselverhältnis von Beobachtung und Reflexion, die notwendige Verbindung von empirischer Tatsachenkenntnis und von philosophischer Gesetzeserkenntnis treffend bezeichnet. Aber auch die Tatsache, daß in den einzelnen Naturforschern sowohl als in den einzelnen Perioden der Naturwissenschaft selten beide Richtungen in harmonischer Eintracht und gegenseitiger Durchdringung zusammenwirken, vielmehr eine von beiden fast immer bedeutend über die andere überwiegt, ist von Bär sehr richtig hervorgehoben worden, und gerade dieser Punkt ist es, auf den wir hier zunächst die besondere Aufmerksamkeit lenken möchten. Denn wenn wir einerseits überzeugt sind, daß wir nur durch die gemeinsame Tätigkeit beider Richtungen dem Ziele unserer Wissenschaft uns nähern können, und wenn wir anderseits zu der Einsicht gelangen, welche von beiden Richtungen im gegenwärtigen Stadium unserer wissenschaftlichen Entwicklung die einseitig überwiegende ist, so werden wir auch die Mittel zur Hebung dieser Einseitigkeit angeben und die Methode bestimmen können, welche die Morphologie gegenwärtig zunächst und vorzugsweise einzuschlagen hat.

Es bedarf nun keines allzu tiefen Scharfblicks und keines allzu weiten Überblicks, um alsbald zu der Überzeugung zu gelangen, daß in dem ganzen zweiten Viertel des neunzehnten Jahrhunderts und darüber hinaus bis jetzt, und zwar vorzüglich vom Jahre 1840-1860, die rein empirische und „exakte" Richtung ganz überwiegend in der Biologie und vor allem in der Morphologie geherrscht, und daß sie diese Alleinherrschaft in fortschreitendem Maße dergestalt ausgedehnt hat, daß die spekulative oder philosopische Richtung im fünften Dezennium vorigen Jahrhunderts fast vollständig von ihr verdrängt war. Auf allen Gebieten der Biologie, sowohl in der Zoologie als in der Botanik, galt während dieses Zeitraums allgemein die Naturbeobachtung und die Naturbeschreibung als „die eigentliche Naturwissenschaft", und die „Naturphilosophie" wurde als eine Verirrung betrachtet, als ein Phantasiespiel, welches nicht nur nichts mit der Beobachtung und Beschreibung zu tun habe, sondern auch gänzlich aus dem Gebiete der „eigentlichen Naturwissenschaft" zu verbannen sei. Freilich war diese einseitige Verkennung der Philosophie nur zu sehr gefördert und gerechtfertigt durch das verkehrte und willkürliche Verfahren der sogenannten „Naturphilosophie", welche im ersten Drittel des neunzehnten Jahrhunderts die Naturwissenschaft zu unterwerfen suchte, und welche, statt von empirischer Basis auszugehen, in der ungemessensten Weise ihrer wilden und erfahrungslosen Phantasie die Zügel schießen ließ. Die namentlich von Oken, Schelling usw. ausgehende Naturphantasterei mußte ganz natürlich als anderes Extrem den krassesten Empirismus hervorrufen.

Der natürliche Rückschlag gegen diese letztere in demselben Grade einseitige Richtung trat erst im Jahre 1859 ein, als Charles Darwin seine großartige Entdeckung der „natürlichen Züchtung“ veröffentlichte und damit den Anstoß zu einem allgemeinen Umschwung der gesamten Biologie und namentlich der Morphologie gab. Die gedankenvolle Naturbetrachtung, der im besten Sinne philosophische, d. h. naturgemäß denkende Geist, welcher sein epochemachendes Werk durchzieht, wird der vergessenen und verlassenen Naturphilosophie wieder zu dem ihr gebührenden Platze verhelfen und den Beginn einer neuen Periode der Wissenschaft bezeichnen. Freilich ist dieser gewaltige Umschwung bei weitem noch nicht zu allgemeinem Durchbruch gelangt; die Mehrzahl der Biologen ist noch zu sehr und zu allgemein in den Folgen der vorher überall herrschenden einseitig empirischen Richtung befangen, als daß wir die Rückkehr zur denkenden Naturbetrachtung als eine bewußte und allgemeine bezeichnen könnten. Indes hat dieselbe doch bereits in einigen Kreisen begonnen, an vielen Stellen feste Wurzel geschlagen, und wird voraussichtlich nicht allein in den nächsten Jahren schon das verlorene Terrain wieder erobern, sondern in wenigen Dezennien sich so allgemeine Geltung verschafft haben, daß man (wohl noch vor Ablauf des neunzehnten Jahrhunderts) verwundert auf die Beschränktheit und Verblendung zahlreicher Naturforscher zurückblicken wird, die heute noch die Philosophie von dem Gebiete der Biologie ausschließen wollen. Wir unsererseits sind unerschütterlich davon überzeugt, daß man in der wahrhaft „erkennenden“ Wissenschaft die Empirie und die Philosophie gar nicht voneinander trennen kann. Jene ist nur die erste und niederste, diese die letzte und höchste Stufe der Erkenntnis. Alle wahre Naturwissenschaft ist Philosophie und alle wahre Philosophie ist Naturwissenschaft. Alle wahre Wissenschaft aber ist in diesem Sinne Naturphilosophie.

In der Tat könnte heute schon die allgemein übliche einseitige Ausschließung der Philosophie aus der Naturwissenschaft jedem objektiv dies Verhältnis betrachtenden Gebildeten als ein befremdendes Rätsel erscheinen, wenn nicht der Entwicklungsgang der Biologie selbst ihm die Lösung dieses Rätsels sehr nahe legte. Wenn wir die Geschichte unserer Wissenschaft in den allgemeinsten Zügen überblicken, so bemerken wir alsbald, daß die beiden scheinbar entgegengesetzten, in der Tat aber innig verbundenen Forschungsrichtungen in der Naturwissenschaft, die beobachtende oder empirische und die denkende oder philosophische, zwar stets mehr oder minder eng verbunden nebeneinander herlaufen, daß aber doch, wie es Bär sehr richtig ausdrückt, immer die eine der beiden Richtungen über die andere bedeutend überwiegt, und zwar „sowohl für die Individuen, als für ganze Perioden der Wissenschaft“. So finden wir ein beständiges Oszillieren, einen Wechsel der beiden Richtungen, der uns zeigt, daß niemals in gleichmäßigem Fortschritt, sondern stets in wechselnder

Wellenbewegung die Biologie ihrem Ziele sich nähert. Die Exzesse, welche jede der beiden Forschungsrichtungen begeht, sobald sie das Übergewicht über die andere gewonnen hat, die Ausschließlichkeit, durch welche jede in der Regel sich als die allein richtige, als die „eigentliche“ Methode der Naturwissenschaft betrachtet, führen nach längerer oder kürzerer Dauer wieder zu einem Umschwung, welcher der überlegenen Gegnerin abermals zur Herrschaft verhilft.

Wie dieser regelmäßige Regierungswechsel von empirischer und philosophischer Naturforschung auf dem gesamten Gebiete der Biologie uns überall entgegentritt, so sehen wir ganz besonders bei einem allgemeinen Überblick des Entwicklungsganges, den die Morphologie vom Anfang des achtzehnten Jahrhunderts an genommen, daß die beiden feindlichen Schwestern, die doch im Grunde nicht ohne einander leben können, stets abwechselnd die Herrschaft behauptet haben. Nachdem Linné die Morphologie der Organismen zum ersten Male in feste wissenschaftliche Form gebracht und ihr das systematische Gewand angezogen hatte, wurde zunächst der allgemeine Strom der neubelebten Naturforschung auf die rein empirische Beobachtung und Beschreibung der zahllosen neuen Formen hingelenkt, welche unterschieden, benannt und in das Fachwerk des Systems eingeordnet werden mußten. Die systematische Beschreibung und Benennung, als Mittel des geordneten Überblicks der zahllosen Einzelformen, wurde aber bald Selbstzweck, und damit verlor sich die Formbeobachtung der Tiere und Pflanzen in der gedankenlosesten Empirie. Das massenhaft sich anhäufende Rohmaterial forderte mehr und mehr zu einer denkenden Verwertung desselben auf, und so entstand die Schule der Naturphilosophen, als deren bedeutendsten Forscher, wenn auch nicht (wegen mangelnder Anerkennung) als deren eigentlichen Begründer wir Lamarck bezeichnen müssen.[4] In Deutschland vorzüglich durch Oken und Goethe, in Frankreich durch Lamarck und Etienne Geoffroy S. Hilaire vertreten, war diese ältere Naturphilosophie eifrigst bemüht, aus dem Chaos der zahllosen Einzelbeobachtungen, die sich immer mehr zu einem unübersehbaren Berge häuften, allgemeine Gesetze abzuleiten und den Zusammenhang der Erscheinungen zu ermitteln. Wie weit sie schon damals auf diesem Wege gelangte, zeigt die klassische Philosophie zoologique von Lamarck (1809) und die bewunderungswürdige Metamorphose der Pflanzen von Goethe (1790). Doch war die empirische Basis, auf welcher diese Heroen der Naturforschung ihre genialen Gedankengebäude errichteten, noch zu schmal und unvollkommen, die ganze damalige Kenntnis der Organismen noch zu sehr bloß auf die äußeren Formverhältnisse beschränkt, als daß ihre denkende Naturbetrachtung die festesten Anhaltspunkte hätte gewinnen und die darauf gegründeten allgemeinen Gesetze schon damals eine weitere Geltung hätten erringen können. Entwicklungsgeschichte und Paläontologie existierten noch nicht, und die vergleichende Anatomie hatte kaum noch Wurzeln geschlagen. Wie weit aber diese Genien trotzdem ihrer Zeit vorauseilten, bezeugt vor allem die (in der ersten Hälfte des 19. Jahrhunderts fast allgemein ignorierte) Tatsache, daß beide, sowohl Lamarck als Goethe, die wichtigsten Sätze der Deszendenztheorie bereits mit voller Klarheit und Bestimmtheit aussprachen. Erst ein volles halbes Jahrhundert später sollte Darwin dafür die Beweise liefern.

Die eigentliche Blütezeit der älteren Naturphilosophie fällt in die ersten Dezennien des neunzehnten Jahrhunderts. Aber schon im zweiten und noch schneller im dritten näherte sie sich ihrem jähen Untergange, teils durch eigene Verblendung und Ausartung, teils durch Mangel an Verständnis bei der Mehrzahl der Zeitgenossen, teils durch das rasche und glänzende Emporblühen der empirischen Richtung, welche in Cuvier einen neuen und gewaltigen Reformator fand. Gegenüber der willkürlichen und verkehrten Phantasterei, in welche die Naturphilosophie bald sowohl in Frankreich als in Deutschland damals ausartete, war es dem exakten, strengen und auf der breitesten empirischen Basis stehenden Cuvier ein leichtes, die verwilderten und undisziplinierten Gegner aus dem Felde zu schlagen. Bekanntlich war es der 22. Februar 1830, an welchem der Konflikt zwischen den beiden entgegengesetzten Richtungen in der Pariser Akademie zum öffentlichen Austrage kam und damit definitiv geendigt zu sein schien, daß Cuvier seinen Hauptgegner E. Geoffroy S. Hilaire mit Hilfe seiner überwiegenden empirischen Beweismittel in den Augen der großen Mehrheit vollständig besiegte. Dieser merkwürdige öffentliche Konflikt, durch welchen die Niederlage der älteren Naturphilosophie besiegelt wurde, ist in mehrfacher Beziehung von höchstem Interesse, vorzüglich auch deshalb, weil er von Goethe in der meisterhaftesten Form in einem kritischen Aufsatze dargestellt wurde, welchen derselbe wenige Tage vor seinem Tode (im März 1832) vollendete. Dieser höchst lesenswerte Aufsatz, das letzte schriftliche Vermächtnis, welches der deutsche Dichterfürst uns hinterlassen, enthält nicht allein eine vortreffliche Charakteristik von Cuvier und Geoffroy S. Hilaire, sondern auch eine ausgezeichnete Darstellung der beiden entgegengesetzten von ihnen vertretenen Richtungen, „des immerwährenden Konfliktes zwischen den Denkweisen, in die sich die wissenschaftliche Welt schon lange trennt; zwei Denkweisen, welche sich in dem menschlichen Geschlechte meistens getrennt und dergestalt verteilt finden, daß sie, wie überall, so auch im Wissenschaftlichen, schwer zusammen verbunden angetroffen werden, und wie sie getrennt sind, sich nicht wohl vereinigen mögen. Haben wir die Geschichte der Wissenschaften und eine eigene lange Erfahrung vor Augen, so möchte man befürchten, die menschliche Natur werde sich von diesem Zwiespalt kaum jemals retten können."

Die Niederlage der älteren Naturphilosophie, welche Cuvier als der Heerführer der neu erstehenden „exakten Empirie" herbeigeführt und in jenem Konflikt offenbar gemacht hatte, war so vollständig, daß in den folgenden drei Dezennien, von 1830-1860, unter der nun allgemein sich ausbreitenden empirischen Schule von Philosophie gar keine Rede mehr war. Mit den Träumereien und Phantasiespielen jener ausgearteten Naturphantasterei wurden auch die wahren und großen Verdienste der alten Naturphilosophie vergessen, aus der jene hervorgegangen war, und man gewöhnte sich sehr allgemein an die Vorstellung, daß Naturwissenschaft und Philosophie in einem unversöhnlichen Gegensatze zueinander ständen. Dieser Irrtum wurde dadurch insbesondere begünstigt, daß die verbesserten Instrumente und Beobachtungsmethoden der Neuzeit, und vor allem die sehr verbesserten Mikroskope, der empirischen Naturbeobachtung ein unendlich weites Feld der Forschung eröffneten, aus welchem es ein leichtes war, mit wenig Mühe und ohne große Gedankenanstrengung Entdeckungen neuer Formverhältnisse in Hülle und Fülle zu machen. Während die Beobachtungen der ersten empirischen Periode, welche sich aus Linnés Schule entwickelte, vorzugsweise nur auf die äußeren Formverhältnisse der Organismen gerichtet gewesen waren, wandte sich nun die zweite empirische Periode, welche aus Cuviers Schule hervorging, vorwiegend der Beobachtung des inneren Baues der Tiere und Pflanzen zu. Und in der Tat gab es hier, nachdem Cuvier durch Begründung der vergleichenden Anatomie und der Paläontologie ein weites neues Feld der Beobachtung geöffnet, nachdem Bär durch Reformation der Entwicklungsgeschichte und Schwann durch Begründung der Gewebelehre auf dem tierischen, Schleiden auf dem pflanzlichen Gebiete neue und große Ziele gesteckt, nachdem Johannes Müller die gesamte Biologie mit gewaltiger Hand in die neugeöffneten Bahnen der exakten Beobachtung hineingewiesen hatte, überall so unendlich viel zu beobachten und zu beschreiben, es wurde so leicht, mit nur wenig Geduld, Fleiß und Beobachtungsgabe neue Tatsachen zu entdecken, daß wir uns nicht wundern können, wenn darüber die leitenden Prinzipien der Naturforschung gänzlich vernachlässigt und die erklärende Gedankenarbeit von den meisten völlig vergessen wurde. Da noch im gegenwärtigen Augenblick diese „rein empirische" Richtung die allgemein überwiegende ist, da die Bezeichnung der Naturphilosophie noch in den weitesten naturwissenschaftlichen Kreisen nur als Schimpfwort gilt und selbst von den hervorragendsten Biologen nur in diesem Sinne gebraucht wird, so haben wir nicht nötig, die grenzenlose Einseitigkeit dieser Richtung noch näher zu erläutern und werden nur noch insofern näher darauf eingehen, als wir gezwungen sind, unseren Zeitgenossen ihr „exakt-empirisches", d. h. gedankenloses und beschränktes Spiegelbild vorzuhalten. Wir wollen hier nur noch auf die seltsame Selbsttäuschung hinweisen, in welcher die neuere Biologie befangen ist, wenn sie die nackte gedankenlose

Beschreibung innerer und feinerer, insbesondere mikroskopischer Formverhältnisse als „wissenschaftliche Zoologie" und „wissenschaftliche Botanik" preist und mit nicht geringem Stolze der früher ausschließlich herrschenden reinen Beschreibung der äußeren und gröberen Formverhältnisse gegenüberstellt, welche die sogenannten „Systematiker" beschäftigt. Sobald bei diesen beiden Richtungen, die sich so scharf gegenüberzustellen belieben, die Beschreibung an sich das Ziel ist (gleichviel ob der inneren oder äußeren, der feineren oder gröberen Formen), so ist die eine genau so viel wert als die andere. Beide werden erst zur Wissenschaft, wenn sie die Form zu erklären und auf Gesetze zurückzuführen streben.

Nach unserer eigenen innigsten Überzeugung ist der Rückschlag, der gegen diese ganze einseitige und daher beschränkte Empirie notwendig früher oder später erfolgen mußte, bereits tatsächlich erfolgt, wenn auch zunächst nur in wenigen engen Kreisen. Die 1859 von Charles Darwin veröffentlichte Entdeckung der natürlichen Zuchtwahl im Kampfe ums Dasein, eine der größten Entdeckungen des menschlichen Forschungstriebes, hat mit einem Male ein so gewaltiges und klärendes Licht in das dunkle Chaos der haufenweis gesammelten biologischen Tatsachen geworfen, daß es auch den krassesten Empirikern fernerhin, wenn sie überhaupt mit der Wissenschaft fortschreiten wollen, nicht mehr möglich sein wird, sich der daraus emporwachsenden neuen Naturphilosophie zu entziehen. Indem die von Darwin neu begründete Deszendenztheorie die ganze gewaltige Fülle der seither empirisch angehäuften Tatsachenmassen durch einen einzigen genialen Gedanken erleuchtet, die schwierigsten Probleme der Biologie aus dem einen obersten Gesetze der „wirkenden Ursachen" vollständig erklärt, die unzusammenhängende Masse aller biologischen Erscheinungen auf dieses eine einfache große Naturgesetz zurückführt, hat sie bereits tatsächlich die bisher ausschließlich herrschende Empirie völlig überflügelt und einer neuen und gesunden Philosophie die weiteste und fruchtbarste Bahn geöffnet. Es ist eine Hauptaufgabe der „generellen Morphologie" zu zeigen, wie die wichtigsten Erscheinungsreihen der Morphologie sich mit Hilfe derselben vollständig erklären und auf große und allgemeine Naturgesetze zurückführen lassen.

Wenn wir das Resultat dieses flüchtigen Überblickes über den inneren Entwicklungsgang der Morphologie in wenigen Worten zusammenfassen, so können wir füglich von Beginn des achtzehnten Jahrhunderts an bis jetzt vier abwechselnd empirische und philosophische Perioden der Morphologie unterscheiden, welche durch die Namen von Linné, Lamarck, Cuvier, Darwin bezeichnet sind, nämlich: I. Periode: Linné, (geb. 1707). Erste empirische Periode (achtzehntes Jahrhundert). Herrschaft der empirischen äußeren Morphologie (Systematik). II. Periode: Lamarck (geb. 1744) und Goethe (geb. 1749).[5] Erste philosophische Periode (erstes Drittel des neunzehnten Jahrhunderts). Herrschaft der phantastisch-philosophischen Morphologie (ältere Naturphilosophie). III. Periode: Cuvier (geb. 1769).[6] Zweite empirische Periode (zweites Drittel des neunzehnten Jahrhunderts). Herrschaft der empirischen inneren Morphologie (Anatomie). IV. Periode: Darwin (geb. 1809). Zweite philosophische Periode. Begonnen 1859. Herrschaft der empirisch-philosophischen Morphologie (neuere Naturphilosophie).

Indem wir die beiden Richtungen der organischen Morphologie, die empirische und philosophische, so schroff einander gegenüberstellen, müssen wir ausdrücklich bemerken, daß nur die große Masse der beschränkteren und gröber organisierten Naturforscher es war, welche diesen Gegensatz in seiner ganzen Schärfe ausbildete und entweder die eine oder die andere Methode als die allein seligmachende pries und für die „eigentliche“ Naturwissenschaft hielt. Die umfassenderen und seiner organisierten Naturforscher, und vor allen die großen Koryphäen, deren Namen wir an die Spitze der von ihnen beherrschten Perioden gestellt haben, waren stets mehr oder minder überzeugt, daß nur eine innige Verbindung von Beobachtung und Theorie, von Empirie und Philosophie, den Fortschritt der Naturwissenschaft wahrhaft fördern könnte. Man pflegt gewöhnlich Cuvier als den strengsten und exklusivsten Empiriker, als den abgesagtesten Feind jeder Naturphilosophie hinzustellen. Und sind nicht seine besten Arbeiten, seine wertvollsten Entdeckungen, wie z. B. die Aufstellung der vier tierischen Typen (Stämme), die Begründung des Gesetzes von der Korrelation der Teile, von den „Causes finales“, Ausflüsse der reinsten Naturphilosophie? Ist nicht die von ihm neu begründete „vergleichende Anatomie“ ihrem ganzen Wesen nach eine rein philosophische Wissenschaft, welche das empirische Material der Zootomie bloß als Basis braucht? Ist es nicht lediglich der Gedanke, die Theorie, welche auf der rein empirischen Zootomie als notwendiger Grundlage das philosophische Lehrgebäude der vergleichenden Anatomie errichten? Und wenn Cuvier aus einem einzigen Zahne oder Knochen eines fossilen Tieres die ganze Natur und systematische Stellung desselben mit Sicherheit erkannte, war dies Beobachtung oder war es Reflexion? Betrachten wir anderseits den Stifter der älteren Naturphilosophie, Lamarck, so brauchen wir, um den Vorwurf der Einseitigkeit zu widerlegen, bloß darauf hinzuweisen, daß dieser eminente Mann seinen Ruf als großer Naturforscher größtenteils einem vorwiegend deskriptiven Werke, der berühmten „Histoire naturelle des animaux sans vertèbres“ verdankte. Seine „Philosophie zoologique“, welche die Deszendenzlehre zum ersten Male als vollkommen abgerundete Theorie aufstellte, eilte mit ihrem prophetischen Gedankenfluge seiner Zeit so voraus, daß sie von seinen Zeitgenossen gar nicht verstanden und ein volles halbes Jahrhundert hindurch (1809-1859) totgeschwiegen wurde. Johannes Müller, den wir Deutschen mit gerechtem

Stolz als den größten Biologen der ersten Hälfte des neunzehnten Jahrhunderts unser eigen nennen, und der in den Augen der meisten jetzt lebenden Biologen als der strengste Empiriker und Gegner der Naturphilosophie gilt, verdankt die Fülle seiner zahlreichen und großen Entdeckungen viel weniger seinem ausgezeichneten sinnlichen Beobachtungstalent, als seinem kombinierenden Gedankenreichtum und der natürlichen Philosophie seiner wahrhaft denkenden Beobachtungsmethode. Charles Darwin, der größte aller jetzt lebenden Naturforscher, überragt uns alle nicht allein durch Ideenreichtum und Gedankenfülle seines die ganze organische Natur umfassenden Geistes, sondern ebensosehr durch die intensiv und extensiv gleichbedeutende und fruchtbare Methode seiner empirischen Naturbeobachtung.

Nach unserer festesten Überzeugung können nur diejenigen Naturforscher wahrhaft fördernd und schaffend in den Gang der Wissenschaft eingreifen, welche, bewußt oder unbewußt, ebenso scharfe Denker als sorgfältige Beobachter sind. Niemals kann die bloße Entdeckung einer nackten Tatsache, und wäre sie noch so merkwürdig, einen wahrhaften Fortschritt in der Naturwissenschaft herbeiführen, sondern stets nur der Gedanke, die Theorie, welche diese Tatsache erklärt, sie mit den verwandten Tatsachen vergleichend verbindet und daraus ein Gesetz ableitet. Betrachten wir die größten Naturforscher, welche zu allen Zeiten auf dem biologischen Gebiete tätig gewesen sind, von Aristoteles an, Linné und Cuvier, Lamarck und Goethe, Bär und Johannes Müller und wie die Reihe der glänzenden Sterne erster Größe, bis auf Charles Darwin herab, weiter heißt — sie alle sind ebenso große Denker, als Beobachter gewesen, und sie alle verdanken ihren unsterblichen Ruhm nicht der Summe der einzelnen von ihnen entdeckten Tatsachen, sondern ihrem denkenden Geiste, der diese Tatsachen in Zusammenhang zu bringen und daraus Gesetze abzuleiten verstand. Die rein empirischen Naturforscher, welche nur durch Entdeckung neuer Tatsachen die Wissenschaft zu fördern glauben, können in derselben ebensowenig etwas leisten, als die rein spekulativen Philosophen, welche der Tatsachen entbehren zu können glauben und die Natur aus ihren Gedanken konstruieren wollen. Diese werden zu phantastischen Träumern, jene im besten Falle zu genauen Kopiermaschinen der Natur. Im Grunde freilich gestaltet sich das tatsächliche Verhältnis überall so, daß die reinen Empiriker sich mit einer unvollständigen und unklaren, ihnen selbst nicht bewußten Philosophie, die reinen Philosophen dagegen mit einer ebensolchen, unreinen und mangelhaften Empirie begnügen. Das Ziel der Naturwissenschaft ist die Herstellung eines vollkommen architektonisch geordneten Lehrgebäudes. Der reine Empiriker bringt statt dessen einen ungeordneten Steinhaufen zusammen; der reine Philosoph auf der andern Seite baut Luftschlösser, welche der erste empirische Windstoß über den Haufen wirft. Jener begnügt sich mit dem Rohmaterial, dieser mit dem Plan des Gebäudes. Aber nur durch die innigste Wechselwirkung von empirischer Beobachtung und philosophischer Theorie kann das Lehrgebäude der Naturwissenschaft wirklich zustande kommen.

Wir schließen diesen Abschnitt, wie wir ihn begonnen, mit einem Ausspruch von Johannes Müller: „Die Phantasie ist ein unentbehrliches Gut, denn sie ist es, durch welche neue Kombinationen zur Veranlassung wichtiger Entdeckungen gemacht werden. Die Kraft der Unterscheidung des isolierenden Verstandes sowohl, als der erweiternden und zum Allgemeinen strebenden Phantasie sind dem Naturforscher in einem harmonischen Wechselwirken notwendig. Durch Störung dieses Gleichgewichts wird der Naturforscher von der Phantasie zu Träumereien hingerissen, während diese Gabe den talentvollen Naturforscher von hinreichender Verstandesstärke zu den wichtigsten Entdeckungen führt."

(Aus „Generelle Morphologie der Organismen". 1866.)

---

[3] Im vierten Kapitel seiner 1866 erschienenen „generellen Morphologie" behandelt Haeckel kritisch die „naturwissenschaftlichen Methoden, welche sich gegenseitig notwendig ergänzen müssen". Es sind dies 1. Empirie und Philosophie (Erfahrung und Erkenntnis), 2. Analyse und Synthese und 3. Induktion und Deduktion. Wir geben hier den ersten Abschnitt dieser „Methodik der Morphologie der Organismen" wieder, weil die darin niedergelegten „unerschütterlichen Überzeugungen" für das gesamte spätere Lebenswerk des Jenaer Naturforschers maßgebend geblieben sind. Aus der innigen Verbindung von empirischer Beobachtung und philosophischer Theorie beruhen seine sämtlichen wissenschaftlichen Werke. (Anm. d. H.)

[4] Selten ist wohl das Verdienst eines der bedeutendsten Männer so völlig von seinen Zeitgenossen verkannt und gar nicht gewürdigt worden, wie es mit Lamarck ein halbes Jahrhundert hindurch der Fall war. Nichts beweist dies vielleicht so schlagend als der Umstand, daß Cuvier in seinem Bericht über die Fortschritte der Naturwissenschaften, in welchem auch die unbedeutendsten Bereicherungen des empirischen Materials aufgeführt werden, des bedeutendsten aller biologischen Werke jenes Zeitraums, der Philosophie zoologique von Lamarck, mit keinem Worte Erwähnung tut!

[5] Wir nennen hier absichtlich Lamarck und Goethe als die geistvollsten Repräsentanten der älteren Naturphilosophie, wenngleich sie sich entfernt nicht desselben Einflusses und derselben

Anerkennung zu erfreuen hatten, wie Etienne Geoffroy S. Hilaire (geb. 1771) und Lorenz Oken (geb. 1779), die gewöhnlich als die Koryphäen dieser Richtung vorangestellt werden.

[6] Als hervorragende Koryphäen dieser Periode würden wir hier noch Johannes Müller, Schleiden und einige andere hervorzuheben haben, wenn nicht gerade diese bedeutendsten Männer, als wahrhaft philosophische Naturforscher, sich von der großen Einseitigkeit freigehalten hätten, welche Cuviers Schule und der große Troß der Zeitgenossen zum extremsten Empirismus ausbildete.

V.
Arabische Korallen.

Die zauberhaften Korallenbänke des Roten Meeres aus eigener Anschauung kennen zu lernen, war schon seit langer Zeit mein lebhafter Wunsch. Als daher im März 1873 eine lange gehegte Hoffnung in Erfüllung ging und ich eine zweimonatige Reise in den Orient antreten konnte, lag es in meinem Plane, wenn irgend möglich, von Suez aus einen Abstecher nach den nächstgelegenen Korallenriffen zu machen. Ein solcher Ausflug erscheint auf der Landkarte sehr leicht, ist aber für einen einzelnen Reisenden mit vielen und großen Schwierigkeiten verknüpft. Denn die Zahl der bewohnten Orte an den langgestreckten, öden und unwirtlichen Küsten des Roten Meeres ist sehr gering, und diese wenigen Orte selbst sind meistens nur von armen, halbwilden Mohammedanern bewohnt. Man muß Zelte, Diener, Lebensmittel und Trinkwasser selbst mitbringen, um dort existieren zu können. Auch gibt es keine regelmäßige Dampfschiffverbindung zwischen Suez und diesen elenden Küstenorten. Keiner derselben wird von den großen europäischen Dampfern berührt, die allwöchentlich durch das Rote Meer fahren und die Überlandpost nach Indien befördern.

In der nächsten Umgebung von Suez und überhaupt im nördlichsten Teile des Roten Meeres fehlen die Korallenbänke, die sonst über den größten Teil beider Küsten desselben sich ausdehnen. Der nächstgelegene Ort, an welchem man schöne Korallenriffe beobachten und den man in kürzester Zeit erreichen kann, ist das arabische Dörfchen Tor oder Tur, an der Westküste der Sinaihalbinsel gelegen. Hier hatten früher schon Ehrenberg, Ransonnet, Frauenfeld und andere Naturforscher der Korallen wegen sich längere oder kürzere Zeit aufgehalten. Um von Suez aus nach Tur zu gelangen, muß man entweder ein eigenes Segelschiff mieten, oder zu Kamel durch die arabische Wüste reiten. Zu diesem Landweg auf dem Wüstenschiff, der 55 Reitstunden beträgt, sind mindestens vier bis fünf Tage erforderlich. Dazu reichte aber meine Zeit nicht aus; auch wäre der Transport der Korallen, die ich zu sammeln wünschte, auf dem Kamel sehr mißlich gewesen. Es blieb also nichts übrig, als ein Segelschiff zu mieten. Aber auch das erwies sich als untunlich. Denn die gewöhnlichen, halbgedeckten arabischen Segelboote sind böse Fahrzeuge, im höchsten Grade unbequem und unreinlich, überfüllt mit parasitischen Insekten aller Art; und dabei war der geforderte Preis unerschwinglich hoch. Außerdem hätte ich mich der Gefahr ausgesetzt, bei widrigem Winde acht Tage und länger in einem solchen erbärmlichen Fahrzeug auf dem Roten Meere zu kreuzen, ohne mein Ziel erreichen zu können.

So wäre denn mein sehnlicher Wunsch, die Korallenbänke von Tur zu besuchen, schwerlich in Erfüllung gegangen, wenn nicht der österreichische Generalkonsul in Kairo, Herr von Cischini, der mich während meines dortigen Aufenthaltes mit Freundlichkeiten aller Art überhäufte, mir ein Fahrzeug verschafft hätte, das zu erlangen ich mir früher nie hatte träumen lassen. Er bewog nämlich den Vizekönig von Ägypten, Ismail Pascha, für den beabsichtigten Ausflug nach Tur die Benutzung eines in Suez stationierten Dampfschiffes der ägyptischen Kriegsflotte zu gestatten. Zugleich wurden meine Freunde und Reisegefährten, Professor Straßburger aus Jena und Professor Panceri aus Neapel, eingeladen, als Gäste des Khedive an der Expedition teilzunehmen.

Am 22. März verließen wir Kairo, die wunderbare Metropole des Nillandes, in der wir die Märchen aus Tausend und einer Nacht lebendig vor uns gesehen hatten. Die Eisenbahn führte uns von dort in elf Stunden nach Suez. Unsere interessante Reisegesellschaft bestand zum größten Teile aus einer bunten Karawane von Mekkapilgern. Namentlich bot ein Haremwaggon dritter Klasse, in welchen ein glücklicher Zufall uns einen Einblick gewahrte, ein merkwürdiges Bild. Die Bahnfahrt selbst ist höchst originell. Wir durchschneiden zuerst in nordöstlicher Richtung den östlichen Rand des üppig fruchtbaren Nildelta und passieren zahlreiche Fellah-Dörfer. Da bieten uns die niederen braunen Lehmhütten, von Dattelpalmen umgeben, mit ihrer charakteristischen Staffage von verschleierten Weibern, nackten Kindern, Büffeln, die Schöpfräder treiben, Kamelen usw. eine Fülle von malerischen Motiven. In Benha wendet sich die Bahn nach Osten, vereinigt sich mit dem von Alexandrien nach Suez gehenden Schienenweg, der die ostindische Überlandpost befördert, und geht nun eine Strecke weit mitten durch die Wüste. Ringsum erblicken wir eine Zeitlang nichts als gelben Sand und blauen Himmel. Um uns den vollen Eindruck einer Wüstenreise zu geben, wehte den ganzen Tag hindurch ein heftiger Chamsin, jener erstickend heiße Wüstenwind, der als Samum der Schrecken der Karawanen ist. Sein glühender Odem warf ganze Regenschauer feinen Wüstensandes gegen die Fenster unseres Coupés, und wir wünschten uns Glück, im geschlossenen Waggon und nicht draußen auf dem Rücken der Kamele zu sitzen.

Abends um sieben Uhr in Suez angelangt, wurden wir von dem dortigen österreichischen Konsul, Herrn von Remy-Berzenkovich, freundlichst empfangen und sogleich zum Gouverneur Hassan-Bey geführt. Hier erfuhren wir zu unserer Freude, daß unser Kriegsschiff, die Dampferkorvette „Khartoum", zur Fahrt bereit draußen auf der Reede liege. Der Kommandant derselben, Kapitän Ali Schukri, ein stattlicher brauner Araber in ägyptischer Marineuniform, wurde uns vorgestellt und bot uns mit orientalischer Unterwürfigkeit seine Dienste an. In dem großartigen englischen Peninsular-Hotel, das noch vor wenigen Jahren von den Engländern als das üppigste und komfortabelste Hotel der Welt gepriesen wurde, war für uns Quartier bereitet. Wir wurden als Gäste des Khedive mit größter Aufmerksamkeit bedient und fürstlich verpflegt.

Am anderen Morgen wollten wir unsere Seereise antreten. Leider steigerte sich aber der heftige Chamsin in der Nacht zu einem förmlichen Sturme, so daß wir den ganzen Tag in Suez bleiben mußten. Obgleich diese Stadt weder durch Naturschönheiten, noch durch besondere Sehenswürdigkeiten ausgezeichnet ist, so ist ein kurzer Aufenthalt in derselben interessant genug. Denn als Knotenpunkt des lebendigsten Verkehrs zwischen drei Weltteilen und als Hafenort der Mekkapilger bietet es in dem bunten Leben seiner Straßen und Basare eine reiche ethnographische Musterkarte. Mit europäischen Reisenden und Matrosen aller Nationen mischen sich Neger aus dem Osten und Süden Afrikas, Berber und Ägypter, Araber und Levantiner aller Klassen, Mekkapilger aus allen Ländern des Ostens, persische und indische Kaufleute. Dazwischen drängen sich verschleierte braune Weiber und unverschleierte Früchteverkäuferinnen, Kamele und Pferde, schöne orientalische Esel und zahllose Hunde.

Nicht minder interessant als dieser bunte Völkermarkt war für uns Naturforscher der Fischmarkt von Suez. Denn obwohl derselbe weder besonders groß noch reichhaltig ist, so erkannten wir doch auf den ersten Blick, daß wir uns in einem völlig neuen Gebiete der marinen Fauna, ja schon mitten in der wunderbaren Tierwelt des Indischen Ozeans befanden. Die schmale Landenge von Suez trennt nämlich zwei gewaltige Seereiche, die schon seit vielen Jahrtausenden außer allem Zusammenhange stehen und in denen sich demgemäß, der Darwinschen Theorie entsprechend, eine völlig verschiedene Tier- und Pflanzenwelt entwickelt hat. Die Fauna und Flora des Mittelmeeres, die zum großen Gebiete des Atlantischen Ozeans gehört, ist gänzlich verschieden von der Tier- und Pflanzenbevölkerung des Roten Meeres, das eine Provinz des Indischen Ozeans bildet. Unter hundert Korallenarten des Roten Meeres findet sich nicht eine einzige Art, die auch im Mittelmeere vorkäme. Nur ein ganz kleiner Bruchteil von Tierarten ist beiden benachbarten Meeren gemeinsam. Wenn wir daher gestern früh den Fischmarkt von Alexandrien und heute morgen, kaum vierundzwanzig Stunden später, denjenigen von Suez besuchen, so finden wir den auffallenden Gegensatz zwischen beiden ebenso groß, als ob wir gestern den Fischmarkt von Barcelona oder Marseille und heute denjenigen von Kalkutta oder Singapore gesehen hätten. Diese merkwürdige Erscheinung erklärt sich ganz einfach aus den Konsequenzen der Deszendenztheorie und der damit verbundenen Migrationstheorie.

Der Sturm, der uns diesen interessanten, obwohl unerwünschten Aufenthalt in Suez verursachte, legte sich erst am Morgen des zweiten Tages, und gegen Mittag erschien der Gouverneur, um uns in seiner Dampfjolle nach dem fast eine Stunde von der Stadt entfernt auf der Reede ankernden Kriegsschiffe „Khartoum“ hinüberzufahren. Die Wellen gingen immer noch so hoch, daß sie das ganze Verdeck überfluteten, und brachten beim Anlegen beide Dampfschiffe in so unsanfte Berührung, daß das Bugspriet und die Schanzkleidung des kleineren Dampfers vollständig zersplitterten. Auch das Hinüberklettern vom einen zum anderen war ebenso wie der Transport unserer Gläserkisten, Netze und Instrumente, mit ziemlichen Schwierigkeiten verbunden und wurde unter heillosem Geschrei der Matrosen bewerkstelligt, welches das Toben von Wind und Wellen übertönte. Das höllische Konzert wurde vollständig durch das ohrenzerreißende Trommeln, Pfeifen und Klappern des Musikkorps von Khartoum. Die ganze Mannschaft desselben, 126 Köpfe stark, war nämlich zu unserem feierlichen Empfange unter Gewehr getreten und salutierte. Der Kapitän empfing uns mit größter Unterwürfigkeit und stellte uns das Offizierkorps vor. Jedoch blieb die Unterhaltung ziemlich mangelhaft, da wir kaum ein Dutzend arabischer Worte und unsere neuen Freunde ungefähr ebensoviel englische Vokabeln kannten. Die eigentliche Unterhaltung wurde durch den österreichischen Konsul von Remy vermittelt, der geläufig Arabisch sprach. Er hatte die Güte, uns zu begleiten und auf der ganzen Fahrt die Rolle des Dolmetschers zu spielen.

Wegen des fortdauernden hohen Wellenganges, der erst gegen Abend schwächer wurde, konnte unser Dampfer erst um Mitternacht die Anker lichten und gen Süden steuern. Den ganzen folgenden Tag fuhren wir zwischen Asien und Afrika durch den Golf von Suez, zu unserer Rechten die ägyptische, zur Linken die arabische Küste; malerische langgestreckte öde Gebirgsketten auf beiden Seiten im Hintergrunde.

Da wir erst spät in der Nacht unser Reiseziel erreicht haben würden, wegen der gefährlichen Korallenriffe aber doch in den Hafen von Tur nicht hätten einlaufen können, ging unsere Korvette um vier Uhr nachmittags, etwa 20 Seemeilen von Tur entfernt, in einer geschützten kleinen Bucht der arabischen Küste vor Anker. Wir ließen uns sofort im Boote ans Land setzen, und voll Ehrfurcht betraten wir zum erstenmal den heiligen Boden der alten Asia. Die Küste war völlig öde und einsam, aber großartig wild. Mächtige, 3000 bis 4000 Fuß hohe Berge der Sinaikette erhoben sich steil über dem schmalen sandigen Küstensaum.

Alle überragt der gewaltige „Djebel Serbal“, dessen wildzerklüftete rote Granitwälle, von zahlreichen Diorit- und Porphyrgängen durchsetzt, sich bis über 6000 Fuß erheben. Durch die zahlreichen zerrissenen Spitzen, die steilen Abstürze, die phantastischen Kluftbildungen erhebt sich dieser malerische „Djebel Serbal“ zu dem großartigsten und prächtigsten unter allen den gewaltigen Berghäuptern der Sinaihalbinsel. Auch hat er lange Zeit als Nebenbuhler der eigentlichen Sinaikuppe, des Mosesberges (Djebel Musa) dagestanden; und viele frommen Seelen glauben noch heute, daß auf ersterem, nicht auf letzterem die Gesetztafeln der zehn Gebote publiziert und der „alte Bund“ zwischen Jehova und seiner auserwählten Semitenrasse geschlossen wurde. In den ersten Jahrhunderten des Christentums war diese Ansicht herrschend, und zahlreiche Einsiedler, Mönche und Nonnen, wohnten damals in den Grotten und Felsenhöhlen des zerklüfteten „Berges der Gesetzgebung“. Zahlreiche Prozessionen pilgerten zu seinen Höhen und erfreuten sich der mannigfachen Genüsse, welche die dichtbelaubten und quellenreichen Fruchtgärten des „Wadi-Feiran“ darboten. Letzteres ist ein herrliches Tal am Fuße des „Djebel Serbal“, das wegen seiner üppigen Fruchtbarkeit als „Perle der Sinaihalbinsel“ gepriesen wird, ein greller Gegensatz zu der umgebenden öden Steinwüste.

Als wir aus dem Boote ans Land sprangen, berührte unser Fuß zuerst reinen Korallenfelsen. Überall im Sande des Strandes lagen tote, gebleichte Korallenblöcke umher, pilzförmige Fungien, sternbedeckte Asträen, labyrinthische Mäandrinen, verästelte Madreporen, dunkelrote Orgelkorallen oder Tubiporen. Mit Ausnahme einiger niederer Strandpflanzen mit fleischigen Blättern und eines zwischen den Felsen wachsenden Kappernstrauches war nichts von Vegetation zu sehen. Lautlose Stille rings umher; von menschlicher Existenz keine Spur weit und breit. Küste und Gebirge sahen aus, als ob sie nie ein Menschenfuß betreten hätte.

Der Sonnenuntergang war prächtig und übergoß die gewaltigen roten Granitmauern mit den glühendsten Farben. Rasch brach die Dunkelheit ein und der wolkenlose Himmel bedeckte sich mit einem Sternengewand, das wir nie zuvor in solchem Glanze hatten funkeln sehen. Wir ließen uns durch unseren indischen Koch unsere Abendmahlzeit vom Schiffe an den Strand holen und genossen sie auf Korallenblöcken sitzend in gehobenster Stimmung. Unser edler Gastfreund, der Khedive, hatte unsere Küche aufs beste versorgt, und unter anderem auch mit einer Champagnerkiste ausgestattet. Dieses schäumende Getränk ist bei den Orientalen sehr beliebt und wird, da der Koran nur den Genuß des Weines verbietet, als eine Art Bier angesehen. So konnte denn auch der arabische Schiffsleutnant, der unsere Schaluppe führte, unbeschadet seiner Frömmigkeit, uns helfen, den ersten Abend auf asiatischem Boden in Champagnerbier zu feiern. Erst spät abends kehrten wir in heiterster Stimmung an Bord des „Khartoum“ zurück, wo uns ein herrliches Lager auf den über Verdeck gelegten Polstern unter dem funkelnden Sternenzelt erwartete. Um Mitternacht lichtete das Schiff die Anker und lief am anderen Morgen kurz nach Sonnenaufgang im Hafen von Tur ein.

Die Küstenlandschaft von Tur ist ein echtes Charakterbild vom Strande des steinigen Arabiens. Die gelbe Sandwüste, die sich längs des dunkelblauen

Meeres hinzieht, ist von Vegetation völlig entblößt; mit Ausnahme einzelner Dhumpalmen und einiger kleiner Gruppen von Dattelpalmen, die teils in der unmittelbaren Umgebung von Tur ein wenig dürftigen Schatten spenden, teils eine entfernte Oase bezeichnen. In imposanter Majestät erhebt sich aber im Hintergrunde der Wüste das gewaltige Gebirge des Sinai, mit seinen kühn geformten Gipfeln und zerklüfteten Felsrücken. Tur selbst ist ein dürftiges Dörfchen mit kaum zwei Dutzend Hütten und wenig über hundert Einwohnern. Ein kleines Zeltlager, von einer eben jetzt am Strande lagernden Karawane errichtet, steigerte den orientalischen Charakter des originellen Bildes. Das Dörfchen Tur liegt an der Umrandung eines kleinen, flachen, hufeisenförmigen Hafenbeckens. Die Felsenriffe, welche dieses Becken umfassen und nur eine schmale Einfahrt freilassen, sind Korallenbänke. Der ganze Hafen ist ein reizender Korallengarten. Als wir in der Schaluppe über die flachen Bänke hinglitten und in zehn bis zwanzig Fuß Tiefe durch die kristallklare Flut hindurch den Boden betrachteten, entzückten uns die prächtigsten, nie zuvor lebend gesehenen Korallenbüsche, auf dem gelben Sande überall in bunter Mannigfaltigkeit zerstreut, wie exotische Ziersträucher in einem schönen Blumengarten. Der Hafendamm, an dem unser Boot anlegt, ist ganz aus Korrallenblöcken erbaut, und als wir uns den niederen würfelförmigen Hütten nähern, werden wir durch die Wahrnehmung überrascht, daß auch diese fast ganz aus Korallenstein bestehen. Als ob es gewöhnliche Sandsteine wären, liegen da die herrlichsten schneeweißen Blöcke von Sternkorallen, Mäandrinen, Madreporen usw. übereinander gehäuft. Manche von diesen elenden Hütten birgt in einer einzigen Wand eine größere Sammlung von schönen Korallenblöcken, als in vielen europäischen Museen zu finden ist. Am liebsten hätten wir das ganze Dorf aufgekauft, zusammengepackt und in die Heimat geschickt.

Augenblicklich sind jedoch die herrlichen lebenden Korallentiere im Hafen für uns von größerem Interesse als die toten Steingerüste in den Hüttenwänden, und begierig besteigen wir die flachen arabischen Boote, die inzwischen für unsere Korallenjagd ausgerüstet und mit Tauchern bemannt worden sind. Die bei weitem zweckmäßigste Methode nämlich, lebende Korallen vom Meeresgrunde zu erhalten, ist die Anwendung von Tauchern. Unser gewöhnliches Schleppnetz, mit dem wir sonst die zoologischen Schätze vom Meeresboden heraufholen, ist hier ganz unbrauchbar. Die kleinen und zierlichen Korallenstöcke werden durch das Schleppnetz zerbrochen und verdorben; die großen und schweren Blöcke zerreißen selbst das Netz und sind nicht damit heraufzuheben. Hingegen bewährten sich die arabischen Taucher, deren wir uns in Tur bedienten und die durch den Betrieb der Perlenfischerei im längeren Verweilen unter Wasser sehr geübt waren, als äußerst geschickte Korallenfänger. Sie waren weder mit Taucherglocken noch mit Skaphandern oder anderen Tauchapparaten ausgerüstet; sie schwammen aber so ausgezeichnet, konnten so lange unter Wasser bleiben und wußten so geschickt selbst größere Korallen von ihren Ansatzpunkten abzulösen, daß sie niemals wieder emportauchten, ohne uns mit neuen prächtigen Korallengeschenken zu überraschen.

Die Korallenfischerei mit diesen Tauchern, die uns während unseres Aufenthaltes in Tur fast den ganzen Tag beschäftigte, war höchst anziehend und unterhaltend. Das Wasser in dem seichten und stillen, durch das vorliegende Korallenriff gegen die Brandung geschützten Hafen ist so kristallhell, daß wir bis auf zehn und zwanzig Fuß Tiefe jeden kleinen Krebs und Seestern, jede Muschel und Schnecke auf dem Boden zwischen den Korallenbüschen erkennen können. Sobald wir unseren Tauchern den gewünschten Gegenstand bezeichnet haben, springen sie hinab. Vorsichtig die spitzen Ecken und scharfen Kanten der Korallenstöcke vermeidend, huschen die schlanken braunen Jünglinge wie Fische zwischen denselben umher und lösen die gewünschten Stücke vom Boden ab. Bloß mit den Füßen rudernd, die Beute mit beiden Armen umschlungen haltend, tauchen sie wieder empor. In wenigen Stunden sind unsere Boote mit den kostbarsten Schätzen gefüllt.

Die großen Glasgefäße, die wir in Fächerkisten aus Triest mitgebracht haben, sind bald ganz voll von lebenden Korallen. Vorsichtig aus dem Meere genommen und in das ruhige Wasser der Gefäße versetzt, entfalten sie allmählich ihre zarten, zurückgezogenen Blumenleiber. Da schauen wir zum erstenmal in nächster Nähe das unbeschreiblich schöne Schauspiel, welches diese herrlichen, scheinbar aus dem Korallenstein hervorwachsenden Blumentiere mit ihren wundervollen Farben, zierlichen Formen und graziösen Bewegungen gewähren. Die prächtigen bunten Aktinien des Roten Meeres, die blauen Xenien, die grünen Ammotheen und die gelben Sarkophyten wetteifern an leuchtender Farbenpracht mit den in allen Irisfarben strahlenden Blumenkelchen, die wie durch Zauber aus den scheinbar toten Kalkgerüsten der Steinkorallen hervorsprossen. Besonders fallen uns unter diesen die glänzenden Sternkorallen oder Asträen und die merkwürdigen Orgelkorallen oder Tubiporen auf. Aus den purpurroten Kalkröhren der letzteren, die gleich Orgelpfeifen dicht nebeneinander gereiht stehen, stecken zierliche grasgrüne Personen ihre acht gefiederten Fangarme aus.

Wir beschränken uns aber nicht auf den Hafen von Tur, sondern segeln weiter hinaus, wo an den größeren Korallenriffen längs der Küste neue Überraschungen unserer harren und wo wir die vielgerühmte Pracht der indischen Korallenbänke in ihrem vollen Farbenglanze schauen. Das kristallklare Wasser ist hier unmittelbar an der Küste fast immer so ruhig und bewegungslos, daß man die ganze wunderbare Korallendecke des Bodens mit ihrer mannigfaltigen Bevölkerung von allerlei Seetieren deutlich erkennen kann. Hier, wie im größten Teile des Roten Meeres, zieht parallel der Küste ein langer Damm von Korallenriffen hin, ungefähr eine Viertelstunde vom Lande entfernt. Diese Wallriffe oder Barrierenriffe sind wahre Wellenbrecher. Der Wogenandrang zerschellt an ihrer unebenen zackigen Oberfläche, welche bis nahe unter den Wasserspiegel ragt; und ein weißer Schaumkamm kennzeichnet so deutlich ihren Verlauf. Auch wenn draußen auf dem Meere der Sturm tobt, ist hier in dem durch das Riff geschützten Kanale oder Graben das Wasser verhältnismäßig ruhig, und kleinere Schiffe können darin ungestört ihre Fahrt längs der Küste fortsetzen. Nach außen gegen das hohe Meer fällt das Korallenriff steil hinunter. Nach innen gegen die Küste dagegen flacht es sich allmählich ab, und meist bleibt die Tiefe des Kanals so gering, daß man die ganze Farbenpracht der Korallengärten auf seinem Boden erblicken kann.

Diese Pracht zu schildern vermag keine Feder und kein Pinsel. Die begeisterten Schilderungen von Darwin, Ehrenberg, Ransonnet und anderen Naturforschern, die ich früher gelesen, hatten meine Erwartungen sehr hoch gespannt; sie wurden aber durch die Wirklichkeit übertroffen. Ein Vergleich dieser formenreichen und farbenglänzenden Meerschaften mit den blumenreichsten Landschaften gibt keine richtige Vorstellung. Denn hier unten in der blauen Tiefe ist eigentlich alles mit bunten Blumen überhäuft und alle diese zierlichen Blumen sind lebendige Korallentiere. Die Oberfläche der größeren Korallenblöcke, von sechs bis acht Fuß Durchmesser, ist mit Tausenden von lieblichen Blumensternen bedeckt. Auf den verzweigten Bäumen und Sträuchern sitzt Blüte an Blüte. Die großen bunten Blumenkelche zu deren Füßen sind ebenfalls Korallen. Ja sogar das bunte Moos, das die Zwischenräume zwischen den größeren Stöcken ausfüllt, zeigt sich bei genauerer Betrachtung aus Millionen winziger Korallentierchen gebildet. Und alle diese Blütenpracht übergießt die leuchtende arabische Sonne in dem kristallhellen Wasser mit einem unsagbaren Glanze!

In diesen wunderbaren Korallengärten, welche die sagenhafte Pracht der zauberischen Hesperidengärten übertreffen, wimmelt außerdem ein vielgestaltiges Tierleben der mannigfaltigsten Art. Metallglänzende Fische von den sonderbarsten Formen und Farben spielen in Scharen um die Korallenkelche, gleich den Kolibris, die um die Blumenkelche der Tropenpflanzen schweben. Unter ihnen fällt uns vor allen der sonderbare Halbmondfisch auf (Platax Ehrenbergii). Sein platt zusammengedrückter, sichelförmiger Körper, der je nach dem Lichtfalle bald in gelbgrünlichem Bronzeglanz, bald in prachtvollem Blau strahlt, ist oben in eine lange dreieckige gekrümmte Rückenflosse, unten in eine gleiche Analflosse ausgezogen. So erscheint der ganze Fisch als leuchtende Sichel im Halbdunkel der Korallenwälder, als das Symbol des türkischen Halbmondes, der jetzt noch diese arabischen Küsten beherrscht. Gleich einem leuchtenden Kometenschweife zieht durch die blaue Tiefe ein silberweißer Bandfisch von der Gestalt eines silbernen Schuppengürtels (Trichiurus). Ein rotbrauner, mit seltsamem Helmschmuck an dem gepanzerten Haupte ausgestatteter Drachenkopf (Scorpaena) jagt eine ganze Schar von kleinen goldgelben Lippfischen vor sich her (Labroiden). Aber auch der grimme Menschenhai, der Schrecken des Meeres, fehlt nicht, und bisweilen erscheinen im Hafen von Tur solche Haifische von zehn bis zwanzig Fuß Länge.

Noch viel mannigfaltiger und interessanter als die Fische sind die wirbellosen Tiere der verschiedensten Klassen, welche auf den Korallenbänken ihr Wesen treiben. Zierliche durchsichtige Krebse aus der Garnelengruppe schnellen haufenweise vorüber und bunte Krabben klettern zwischen den Korallenzweigen. Auch rote Seesterne, violette Schlangensterne und schwarze Seeigel klettern in Menge auf den Ästen der Korallensträucher; der Scharen bunter Muscheln und Schnecken nicht zu gedenken. Reizende Würmer mit bunten Kiemenfederbüschen schauen aus ihren Röhren hervor. Da kommt auch ein dichter Schwarm von zarten violetten Medusen geschwommen, und zu unserer Überraschung erkennen wir in der zierlichen Glocke eine alte Bekannte aus der Ostsee und Nordsee, die Aurelia.

Man könnte glauben, daß in diesen bezaubernden Korallenhainen, wo jedes Tier zur Blume wird, der glückselige Friede der elysischen Gefilde herrsche. Aber ein näherer Blick in ihr buntes Getriebe lehrt uns bald, daß auch hier, wie im Menschenleben, beständig der wilde Kampf ums Dasein tobt, oft zwar still und lautlos, aber darum nicht minder furchtbar und unerbittlich. Die große Mehrzahl des Lebendigen, das hier in üppigster Fülle sich entwickelt, wird beständig vernichtet, um die Existenz einer bevorzugten Minderzahl zu ermöglichen. Überall lauert Schrecken und Gefahr. Um uns davon zu überzeugen, brauchen wir bloß selbst einmal unterzutauchen. Rasch entschlossen springen wir über Bord und schauen nun erst, von wunderbarem, grünem und blauem Glanze umgossen, die Farbenpracht der Korallenbänke ganz in der Nähe. Aber bald erfahren wir, daß der Mensch ungestraft so wenig unter Korallen als unter Palmen wandelt. Die spitzen Zacken der Steinkorallen erlauben uns nirgends festen Fuß zu fassen. Wir suchen uns einen freien Sandfleck zum Standpunkt aus. Aber ein im Sande verborgener Seeigel (Diadema) bohrt seine fußlangen, mit seinen Widerhaken bewaffneten Stacheln in unseren Fuß; äußerst spröde zersplittern sie in der Wunde und können nur durch vorsichtiges Ausschneiden entfernt werden. Wir bücken uns, um eine prächtige smaragdgrüne Aktinie vom Boden aufzuheben, die zwischen den Schalenklappen einer toten Riesenmuschel zu sitzen scheint. Jedoch zur rechten Zeit noch erkennen wir, daß der grüne Körper keine Aktinie, sondern der Leib des lebenden Muscheltieres selbst ist; hätten wir es unvorsichtig angefaßt, so wäre unsere Hand durch den kräftigen Schluß der beiden Schalenklappen elend zerquetscht worden. Nun suchen wir einen schönen violetten Madreporenzweig abzubrechen, ziehen aber rasch die Hand zurück; denn eine mutige kleine Krabbe (Trapezia), die scharenweise zwischen den Ästen wohnt, zwickt uns empfindlich mit den Scheren. Noch schlimmere Erfahrungen machen wir bei dem Versuche, die daneben stehende Feuerkoralle (Millepora) abzubrechen. Millionen mikroskopischer Giftbläschen entleeren bei der oberflächlichen Berührung ihren ätzenden Saft auf unsere Haut, und unsere Hand brennt, als ob wir ein glühendes Eisen angefaßt hätten. Ebenso heftig brennt ein zierlicher kleiner Hydrapolyp, der höchst unschuldig aussieht. Um nicht auch noch mit einem brennenden Medusenschwarme in unliebsame Berührung zu kommen oder gar einem der nicht seltenen Haifische zur Beute zu fallen, tauchen wir wieder empor und schwingen uns in die Barke.

Welche fabelhafte Fülle des buntesten Tierlebens auf diesen Korallenbänken durcheinander wimmelt und miteinander ums Dasein kämpft, davon kann man sich erst bei genauerem Studium ein annäherndes Bild machen. Jeder einzelne Korallenstock ist eigentlich ein kleines zoologisches Museum. Wir setzen z. B. einen schönen Madreporenstock (Stylopora), den eben unser Taucher emporgebracht hat, vorsichtig in ein großes, mit Seewasser gefülltes Glasgesäß, damit seine Korallentiere ruhig ihren zierlichen Blumenkörper entfalten. Als wir eine Stunde später wieder nachsehen, ist nicht nur der vielverzweigte Stock mit den schönsten Korallenblüten bedeckt, sondern auch Hunderte von größeren und Tausende von kleineren Tierchen kriechen und schwimmen im Glase herum: Krebse und Würmer, Kraken und Schnecken, Tascheln und Muscheln, Seesterne und Seeigel, Medusen und Fischchen; alle vorher im Geäste des Stockes verborgen. Und selbst wenn wir den Korallenstock herausnehmen und mit dem Hammer in Stücke zerschlagen, finden wir in seinem Inneren noch eine Menge verschiedener Tierchen, namentlich bohrende Muscheln, Krebse und Würmer verborgen. Und welche Fülle unsichtbaren Lebens enthüllt uns erst das Mikroskop! Welcher Reichtum merkwürdiger Entdeckungen harrt hier noch zukünftiger Zoologen, denen das Glück beschieden ist, Monate und Jahre hindurch an diesen Korallenküsten zu verweilen.

Uns war leider nur ein paar kurze Tage lang der Genuß dieser feenhaften Korallengärten beschieden. Glücklicherweise begünstigte uns das herrlichste Frühlingswetter, so daß wir unsere Korallenfischerei mit dem glänzendsten Erfolg betreiben konnten. Die mitgenommenen Kisten mit Gläsern und Weingeist waren in kurzer Zeit völlig mit Korallen und anderen Seetieren gefüllt. Unsere Boote schleppten ganze Ladungen von Korallenblöcken zur Korvette, deren Verdeck bald vollständig damit überhäuft war. Schwerlich ist wohl noch ein Kriegsschiff, und sicher niemals ein ägyptisches, so über und über mit Korallen bedeckt gewesen. Wir konnten später von Suez aus nur zwölf Kisten damit füllen und nach Hause schicken; der bei weitem größte Teil mußte zurückbleiben und ziert jetzt den Garten unseres dort wohnenden Freundes, des Konsuls Remy.

Ein letzter Besuch am Lande schloß unseren kurzen Aufenthalt in Tur. Mit dankbarem und gerührtem Herzen nahmen wir Abschied von Land und Leuten, von Meer und Korallenbänken. Die Bewohner von Tur, halb griechischen, halb arabischen Ursprungs, sind arme Fischer; gute unverdorbene Menschen, die selten mit Fremden in Berührung kommen. Der günstige Eindruck, den sie uns gleich beim ersten Besuch gemacht hatten, wurde durch nähere Bekanntschaft nur verstärkt, und wir erinnern uns mit lebhaftem Vergnügen der herzlichen Gastfreundschaft, die wir in ihren niederen Korallenhütten genossen.

Ganz besonderen Dank schulden wir dem braven Hennaen, dem eingeborenen „Naturforscher von Tur“; einem Fischer, der schon den früher hier anwesenden deutschen Naturforschern die wesentlichsten Dienste geleistet hatte und sich auch bei unserer Korallenfischerei vorzüglich bewährte. Mit den Lokalitäten der Korallenbänke von Tur und mit ihren zahlreichen Bewohnern genau vertraut, vermochte er uns in kürzester Zeit die reichste zoologische Ernte zu verschaffen. Er besitzt ein Dokument, in welchem von den früheren Besuchern seine vortrefflichen Dienstleistungen dankbarst anerkannt sind, und auch ich konnte nur ein gleich ehrenvolles Zeugnis hinzufügen. Auf Hennaens ausdrückliche Bitte mußten wir am letzten Nachmittag vor unserer Abreise nochmals in seine niedere Korallenhütte kommen, wo er uns, umgeben von den angesehensten Einwohnern des Ortes, mit Kaffee und Datteln bewirtete. Auch verschiedene hübsche Korallen, Sterntiere und Mollusken, die wir nicht selbst erbeutet hatten, machte er uns hier noch zum Geschenk. Dann machten wir noch einen gemeinsamen Spaziergang nach dem kleinen, eine halbe Stunde vom Dorfe entfernten Palmenhain, wo neben prächtig entwickelten Dattelpalmen (Phoenix) auch einzelne Exemplare von der schönen, gabelig verzweigten Dhumpalme Oberägyptens sich finden (Hyphaene). Bei der Rückkehr an den Strand besuchten wir noch die Ruine eines kleinen alten Forts, in der Nähe des Dorfes.

Wie gerne hätten wir noch länger bei unseren neuen arabischen Freunden verweilt und hätten mit der kleinen, vor dem Dorfe liegenden Kamelkarawane eine Wüstenreise angetreten! Wie gerne hätten wir die so nahe vor uns liegenden gewaltigen Bergkuppen des Sinai und des Serbal erklommen; und in dem Mosestal das uralte berühmte Sinaikloster oder in dem Feirantal die wundervollen Fruchtgärten der „Sinaiperle“ besucht! Aber unsere Uhr ist leider abgelaufen! Schon raucht der Schornstein unseres Dampfers. Die blauen Schatten der Palmen im gelben Sande neigen sich stark nach Osten und die Gebirgskuppen des Sinai beginnen sich in magischen Purpurglanz zu hüllen. Noch erquicken wir uns nach des Tages schwerer Arbeit durch ein letztes, herrliches Bad in der blauen, jetzt aber im Abendglanze wirklich purpurschimmernden Flut des „Roten Meeres“. Nach herzlichstem Abschiede von den guten Turbewohnern und besonders von Hennaen und von unseren braven Tauchern besteigen wir zum letztenmal die Schaluppe und rudern zum „Khartoum“ hinüber.

Während unsere Korvette die Anker lichtet und sich nach Norden wendet, genießen wir den unvergeßlichen Anblick eines Sonnenunterganges, wie man ihn nur in diesen Breiten und nur in dieser Luft sehen kann. Gleich dem Zauberbilde einer Fata Morgana strahlt die ganze Sinaikette mit ihren zackigen Gipfeln in glühendem Purpur; die Schatten ihrer Klüfte schimmern in magischem Blau. Am Fuße des Gebirges gehen diese herrlichen Farbentöne in ein zartes Violett über, das durch eine gesättigte Lage von tiefem Braun sich vom gelben Wüstensande abhebt. Die glühenden Farben werden durch das tiefe, fast schwarze Blau des Meeres kraftvoll gehoben. Die Kronen der Palmen am Strande, leise im lauen Abendwinde schwankend, senden uns einen letzten Gruß, und die rasch hereinsinkende Nacht entzieht das märchenhafte Bild unseren scheidenden Blicken. Addio Arabia!

(Aus „Arabische Korallen“.)

VI.
Brussa und der asiatische Olymp.

Wenn man auf dem Seewege nach Konstantinopel den Hellespontos passiert hat und das Marmarameer ostwärts durchschneidet, erblickt man am südlichen Gestade des letzteren in blauer Ferne langgestreckte Bergzüge. In mehrfach unterbrochenen, edelgeformten Linien stufenweise ansteigend, finden dieselben in einer majestätischen, mit ewigem Schnee bedeckten Kuppel ihren malerischen Abschluß. Diese stolze Gebirgskuppel ist der Olympos der asiatischen Griechen, der musische Olymp des Herodot, der bithynische Olmyp anderer klassischer Autoren. Allerdings erfreut sich dieser asiatische Olympos nicht des hohen Rufes wie sein europäischer Namensbruder, der auf der Grenze von Mazedonien und Thessalien liegt und auf den die altgriechischen Sagen den Sitz der Götter verlegen. Aber dennoch wird der abendländische Wanderer durch den Besuch des ersteren weit mehr als durch die Besteigung des letzteren befriedigt werden. Denn der wenig besuchte asiatische Olymp und seine nähere Umgebung ist mit einer Fülle von Naturschönheiten geschmückt, welche dem europäischen Götterberge abgehen, und die historischen Erinnerungen, welche sich an die von ersterem beherrschte Schaubühne weltgeschichtlicher Dramen knüpfen, verleihen ihm einen besonderen Reiz. Unmittelbar am Fuße des asiatischen Olymps liegt Brussa, die von Hannibal gegründete Hauptstadt Bithyniens, die Wiege der osmanischen Dynastie, eine von türkischen Dichtern vielbesungene Perle des Orients, welche an hohem Reiz der Lage mit Damaskus und mit Granada wetteifert.

Im Abendlande ist Brussa heutzutage ein wenig bekannter und wenig genannter Ort. Für den Geschichtsforscher knüpfen sich freilich an diesen Namen hochwichtige Begebenheiten; dem Arzt ist Brussa durch seine heilkräftigen, weitberühmten heißen Quellen bekannt, das „Baden“ des Orients, und für den Kaufmann ist diese ansehnlichste Handelsstadt Anatoliens durch ihre Seidenwaren und Samtfabriken von großer Bedeutung. Aber von den hohen Naturschönheiten Brussas, von den malerischen Reizen seiner Lage, von dem üppigen Schmucke seiner südlichen Vegetation, von der Fülle rauschender Quellen in seinen kühlen Felsentälern ist in Europa wenig bekannt; unter Tausenden von Touristen, die jetzt alljährlich nach Konstantinopel reisen, gelangen nur sehr wenige nach dem kaum eine Tagereise davon entfernten Brussa. Und doch ist sicher ein Besuch dieses herrlichen Ortes weit lohnender, als viele berühmte „Sehenswürdigkeiten“ des Orients.

Der Besuch, den ich selbst im April 1873 dem asiatischen Olymp und Brussa abstattete, ist mir unter den vielen anmutigen Erinnerungen, die ich von meiner damals unternommenen Orientreise mit nach Hause brachte, eine der wertvollsten geblieben; und wenn ich hier eine flüchtige Skizze davon mitteile, so hoffe ich, dadurch manchen Leser, den sein Glücksstern nach den reizenden Ufern des Bosporus führt, zu veranlassen, von der türkischen Hauptstadt aus diesen höchst lohnenden Ausflug nach der Residenz der ersten Sultane des Osmanenreiches zu unternehmen. Insbesondere möchte ich aber dadurch diesen oder jenen Landschaftsmaler auf die ungehobenen Schätze aufmerksam machen, die sein Auge in Brussa und seiner Umgebung reicher als in den ausgebeuteten Gefilden von Neapel, Palermo oder Granada finden wird.

Wenige Wochen, bevor ich nach Brussa kam, hatte ich in Kairo die Märchen von Tausend und einer Nacht lebendig an mir vorüberziehen sehen, hatte von der Pyramide des Cheops einen Blick in die Libysche Wüste getan und von Suez auf einem Kriegsschiffe des Khedive einen höchst interessanten Ausflug zu den Korallenbänken des Roten Meeres am Fuße des Sinai unternommen. Von Alexandrien war ich darauf nach Smyrna gefahren, von wo ich in Gesellschaft liebenswürdiger deutscher Landsleute Exkursionen nach dem klassischen Trümmerstätten von Magnesia und Ephesus unternahm, in ersterem das uralte, in den Felsen gehauene Riesenbild der Niobe, in letzterem die kürzlich ausgegrabenen Substruktionen des weltberühmten Dianatempels bewundernd. Wenige Tage später genoß ich auf der Akropolis von Athen und auf den Tempelruinen von Eleusis unvergeßliche Stunden lebendiger Erinnerung an die Blüte des klassischen Altertums; und abermals nach wenigen Tagen erfreute ich mich an den Ufern des Bosporus und am Goldenen Horn von Konstantinopel der Fülle von Natur- und Kunstgenüssen, von historischen Reminiszenzen und ethnographischen Bildern, mit denen die gewaltige Hauptstadt des Türkenreiches noch heute geschmückt ist. Und doch, nachdem alle diese wunderbaren Gemälde des Orients in der raschen Folge weniger Wochen an meinem Auge vorübergegangen waren, nachdem die Phantasie durch das Übermaß der genossenen großartigen und mannigfaltigen Bilder übersättigt erschien, vermochte zuletzt noch das herrliche Brussa einen so tiefen Eindruck zu hinterlassen, daß ich mir keinen schöneren und harmonischeren Abschluß zu der langen Reihe der bunten vorhergegangenen Orientbilder wünschen könnte.

Es war ein heiterer, wolkenloser Frühlingsmorgen, als ich am 25. April 1873 in Gesellschaft des bekannten Landschaftsmalers Ernst Körner aus Berlin die Fahrt nach Brussa antrat. Der Kanzler am deutschen Generalkonsulat in Konstantinopel, Herr Rohnstock, welcher der türkischen Sprache vollkommen mächtig ist, begleitete uns und hatte die Güte, die Rolle eines Dolmetschers zu übernehmen. Während die aufsteigende Morgensonne mit ihren ersten Strahlen die Fenster von Skutari und von den kleineren Ortschaften am asiatischen Ufer des Bosporus vergoldete, stiegen wir nach der großen Brücke hinunter, welche an der Ausmündung des Goldenen Horns das fränkische Pera mit dem alttürkischen Stambul verbindet. In der Nähe dieser Brücke ankern die kleinen Dampfboote, welche mehrmals wöchentlich von Konstantinopel nach dem Golfe von Mudania fahren. Die kleine Stadt Mudania liegt am südlichen Gestade des Marmarameeres, in gerader Linie etwa sechs deutsche Meilen südwärts von Stambul entfernt. Sie ist der Hafenort von Brussa und steht durch eine gute, vier Meilen lange Fahrstraße mit ihm in Verbindung.

Ein leichter Kaik, einer venezianischen Gondel ähnlich, führt uns von der Perabrücke zu dem kleinen Dampfer hinüber; wir finden sein Verdeck bereits dicht besetzt mit türkischen Landleuten in buntfarbiger Tracht, mit zerlumpten Fischern und verschleierten Weibern. Um acht Uhr lichtet unser Schiff die Anker und bahnt sich mühsam seinen Weg durch das dichte Gewühl von Fahrzeugen aller Nationen, welche den größten Hafen des Orients erfüllen. Rasch durchkreuzen wir das südliche Ende des Bosporus, lassen die malerische, mit Zypressen bedeckte Serailspitze von Stambul zu unserer Rechten, den alten Leanderturm und den riesigen Begräbnisplatz von Skutari mit seinem berühmten Zypressenwald zu unserer Linken liegen, und ergötzen uns an dem wundervollen Bilde, welches das alte Stambul hier von der Südseite gewährt. Je weiter wir uns von ihm entfernen, desto imposanter tritt die gewaltige Häusermasse der türkischen Hauptstadt auf ihren Hügeln hervor; die Kuppeln ihrer zahlreichen Moscheen und die schlanken Minarette daneben schimmern golden im Glanze der Morgensonne. Unten am Strande zieht sich der Rest der alten Stadtmauer hin, deren westliches Ende mit dem malerischen Schlosse der sieben Türme abschließt. Dieses mächtige alte Kastell spielte lange Zeit als Zitadelle der Hauptstadt eine wichtige Rolle bei den Belagerungen und erinnert uns mit seinen mittelalterlichen Mauerkränzen und Turmzinnen an die gewaltigen Ereignisse, die hier im Laufe von zwei Jahrtausenden vorübergezogen sind. Doch werden wir in diesen historischen Betrachtungen bald durch den modernen Pfiff der Lokomotive gestört, die längs der Mauern hindampft; sie befährt den neuen Schienenweg nach Adrianopel, welcher wenige Monate nach unserer Anwesenheit dem Verkehr übergeben wurde; ein wichtiger Fortschritt zur abendländischen Kultur und somit zur Auflösung des altersschwachen Osmanenreiches.

Während wir südwärts steuern, entschwindet das glänzende Bild der Konstantins-Stadt allmählich unseren Blicken. Wir fahren ziemlich nahe an den Prinzeninseln vorüber, den lieblichen, mit Villen und Gärten bedeckten Eilanden, auf denen im heißen Sommer die vornehmen Bewohner von Pera und Stambul sich vom staubigen Gewühl des Alltagstreibens erholen. Scharen von Delphinen umspielen unser Schiff und tauchen mit ihren

Rückenflossen sich tummelnd empor. Unser Kurs geht gerade auf eine steile, links weit vorspringende Landspitze zu, das „Bos burun“ oder das „Vorgebirge des Eises“. Zwischen diesen und den Prinzeninseln öffnet sich zu unserer Linken ein tief einschneidender, von bewaldeten Bergen umgebener Meerbusen, der Golf von Nikomedia, der „Sinus Astacenus“ der alten Römer. Tief im Grunde desselben liegt das unbedeutende Städtchen Isnikmid, der letzte Rest des mächtigen alten Nikomedia, jener früheren Residenz der bithynischen Könige, die durch zahlreiche Erdbeben verwüstet wurde.

Zu unserer Rechten taucht jetzt aus der blauen Flut das schöne Eiland Kalolimni auf; wir fahren zwischen ihm und dem Eiskap hindurch und werden durch den herrlichen Anblick des Golfs von Mudania überrascht. Rings von langgestreckten, schöngeformten Bergketten umschlossen, deren Füße kulissenartig vorspringen, gleicht dieser Golf, der „Sinus Cianus“ der Alten, einem großen, stillen Landsee. An seinen Gestaden landete Jason auf der Argonautenfahrt. Am südlichen Ufer des Golfs, wo er sich in das Marmarameer öffnet, liegt das Städtchen Mudania, eine Doppelreihe ärmlicher Holzhäuser, von vielen pyramidenförmigen Lebensbäumen (Thuja) überragt. Ihre Bewohner sind zum größten Teile griechische Gärtner und Weinbauer. Die Tochter eines solchen war die hier geborene Sophia Witt, die später durch ihre Schönheit und ihren Geist berühmt gewordene Gräfin Potocka.

Um zwölf Uhr mittags legt unser Boot an der Landungsbrücke von Mudania an. Nachdem wir uns bei den Polizeibeamten mittels unseres türkischen Passes legitimiert haben, besteigen wir einen der bereitstehenden offenen Wagen, der mit zwei schmucken Schimmeln bespannt ist, und im munteren Trab fahren wir auf der Landstraße nach Brussa.

Die Mittagssonne entsendete jetzt glühende Strahlen vom wolkenlosen Aprilhimmel Kleinasiens herab, und zu unserer Linken schlugen die plätschernden Wellen des spiegelklaren Meeres so verführerisch auf den weichen Sand des schmalen Strandes, daß wir der Versuchung nicht widerstehen konnten, unsere Fahrt nach kurzer Dauer zu unterbrechen und ein improvisiertes Bad zu nehmen. Köstlich erfrischt von den kühlen Wellen und von einem frischen Trunk aus einer Felsenquelle, die nach kurzem Lauf sich ins Meer ergießt, gingen wir jetzt eine Strecke neben dem Wagen aufwärts. Die Straße steigt zwischen Olivengärten und Weinbergen in vielen Windungen bergan. Je höher wir hinaufkommen, desto schöner gestaltet sich der Blick auf den blauen Golf zu unseren Füßen und auf die edelgeformten, teils bebauten, teils bewaldeten Berge, die denselben in stattlichem Kranze umschließen. Besonders werden unsere Blicke durch den hohen, südöstlich gelegenen Berg Usuntschar gefesselt, seine ungemein schöne Form erinnert auffallend an den berühmten „Monte Pellegrino“ bei Palermo.

Nachdem wir anderthalb Stunden gestiegen, haben wir den Sattel des langgestreckten Bergrückens erreicht, welcher den Golf von Mudania und die Ebene von Brussa trennt, und wir fahren nun, nach einem letzten Rückblick auf das Marmarameer, hinter dem türkischen Dorfe Tschakirchan durch eine felsige Schlucht bergab. Am Ausgange der letzteren überrascht uns plötzlich die großartige Aussicht auf den weiten grünen Talkessel von Brussa, überragt von der gewaltigen, den ganzen südlichen Hintergrund ausfüllenden Granitpyramide des schneegekrönten Olympos. Das frischeste Frühlingsgrün schmückt die lachende Ebene zu unseren Füßen, mitten hindurch windet sich in weitem S-förmigen Doppelbogen der anmutige Fluß Nilufer. Er umgürtet den Fuß des Olymps und nimmt in sein Bett die zahllosen Bergbäche und Quellen auf, die den westlichen und nördlichen Abhängen des Berges entströmen. Den schönen Namen Nilufer — d. h. „Lotosblume" (Lotos Nenufar) — verdankt der Fluß einer griechischen Prinzessin, die durch ihre Schönheit und Anmut weit berühmt war. Diese unglückliche Fürstin wurde während ihres Hochzeitsfestes auf dem festen Schlosse Biledschik von dem Sultan Osman, dem Gründer der Osmanendynastie, überfallen, räuberisch entführt und in den Harem seines Sohnes Orchan eingesperrt. Hier wurde sie später die Mutter des kriegerischen Sultan Murad I.

Nach halbstündiger heißer Fahrt durch die Ebene, deren Wiesen stellenweise ganz blau von Irisblüten waren, hatten wir das Gestade des Nilufer erreicht und hielten Rast im Schatten eines anmutigen Eichenhaines; ein türkisches Kaffeehaus erquickte uns mit köstlichem Mokkatrank. Hier zog auf der Straße eine lange Karawane von schweren anatolischen Lastkameelen an uns vorüber, wie man sie in den Straßen von Smyrna so oft sieht. Mit Ballen von kostbarer Brussaseide belastet, gingen die schwerfälligen Tiere gravitätisch hintereinander her, durch Stricke zu einer langen Kette verbunden. Den Kopf der langen Kolonne bildete ein kleiner kluger Esel, wie er hier gewöhnlich als Führer der Kamelzüge auftritt. Denn das Langohr vertritt hier im Morgenlande die leitende Intelligenz der Huftiere, im Gegensatze zu den im Abendlande herrschenden Anschauungen.

Je mehr wir uns auf unserer weiteren Fahrt dem Olympgebirge näherten, desto mehr entfalteten sich die landschaftlichen Reize der Gegend. In freundlichem Gegensatze zu den dunkeln, waldigen Schluchten des Gebirges zeigte sich die üppige Fruchtbarkeit des Tales in lachendem Frühlingsgrün. Plätschernde Brunnen und mächtige Platanen an den Seiten des Weges verbreiteten Kühlung und Schatten.

Die Sonne neigte sich schon stark gen Westen, als wir in die Stadt einfuhren. Unsere Ankunft gestaltete sich dadurch besonders festlich, daß gerade ein griechischer Feiertag war. Die ganze griechische Bevölkerung, in die buntesten Festgewänder gekleidet, lustwandelte vor der Stadt und erfreute sich des schönen warmen Frühlingsabends. In heiteren Gruppen lagerten viele Familien auf den blumigen Hügeln vor den Mauern und ergötzten sich mit Musik, Spiel und Tanz. Keine schönere Staffage hätte den Vordergrund des herrlichen Bildes zieren können, das die prächtige Stadt mit ihren zahllosen Minaretten und Kuppeln, im Glanze der Abendsonne funkelnd, unseren entzückten Augen darbot.

In dem schön gelegenen „Hotel du Mont Olymp", dem einzigen europäischen Gasthofe von Brussa, fanden wir freundlichste Aufnahme und beste Verpflegung. Der treffliche Wirt desselben, Don Franzesco Franchi aus Florenz, war in jeder Weise bemüht, uns unseren Aufenthalt so angenehm als möglich zu machen. Seine köstlichen Orangen und Feigen, die vorzüglichen Maccaroni con pomi d'oro und die leckeren Forellen aus den Olymposbächen, gewürzt durch den edlen, rosenroten, am Fuße des Götterberges gewachsenen Wein, mundeten uns so vortrefflich, als ob es Nektar und Ambrosia von der olympischen Göttertafel selbst gewesen wäre. Dabei ergötzten sich unsere Geruchsnerven an den aromatischen Blumendüften der zahlreichen benachbarten Gärten, in denen Rosen und Lilien, Jasmin und Nelken, Daphne und Balsamine in üppigster Fülle blühten; und als ob Vater Zeus am Tore seiner Götterwohnung alle Sinne gleichmäßig entzücken wolle, wurden wir noch am späten Abend durch ein unerwartetes Konzert überrascht. Denn als wir das Verlangen nach Speise und Trank gesättigt hatten, unsere Schlafzimmer aufsuchten und auf deren Balkon hinaustraten, um die würzige Abendluft zu atmen, tönte uns aus der benachbarten Waldschlucht der melodische Gesang zahlreicher Nachtigallen entgegen. Während diese liebliche Sängerin bei uns meistens die Einsamkeit aufsucht, wohnt sie in Kleinasien scharenweis in den Gärten und scheint im Wettgesange besondere Kunst zu entfalten. Jeden Abend, wenn wir in Brussa unser Lager aufgesucht hatten, lauschten wir noch lange ihren entzückenden Liedern und wurden erst spät dadurch in den süßesten Schlaf gesungen.

Waren so schon die ersten Eindrücke, die wir am Abend unserer Ankunft in Brussa empfingen, höchst angenehm, so überzeugten uns unsere Wanderungen in der Stadt und in der näheren Umgebung bald, daß eine lieblichere Sommerfrische im Orient wohl nicht gefunden werden kann. Fürwahr, die türkischen Dichter haben recht, wenn sie diese Stadt als ein irdisches Paradies besingen. Reizend schön, lieblich und großartig zugleich ist die ganze Lage und Umgebung der Stadt, in vieler Beziehung derjenigen von Granada ähnlich. Als ich auf der alten Schloßruine von Brussa, auf steilem Felsen hoch über der Stadt stand, und als mein Blick über die Häusermassen, Kuppeln und Gärten zu meinen Füßen schweifte, und weiter hinaus über die ausgedehnte, üppige grüne Ebene und in blauer Ferne über den umschließenden Kranz von malerischen Höhenzügen, da tauchte lebendig die Erinnerung an das herrliche Panorama in mir auf, das ich vor Jahren auf der Alhambra und über der berühmten Vega von Granada genossen hatte. Wie die andalusische Hauptstadt von den schneegekrönten Höhen der Sierra Nevada, so wird Brussa von dem gewaltigen Schneehaupte des Olymp überragt. Hier wie dort erhält die Lage der Stadt ihren besonderen Reiz durch die Anlehnung an das wilde und großartige Gebirge, durch den Quellenreichtum der buschigen Felsenschluchten und durch die üppige Vegetation der von vielen Bächen bewässerten Ebene. Auch bieten die beiden Städte viele Vergleichungspunkte in den zahlreichen und prächtigen Denkmälern islamitischer Kunst und Geschichte, mit denen sie noch heute geschmückt sind. Aber die Verhältnisse sind in Brussa großartiger und gewaltiger als in Granada. Die anatolische Osmanenresidenz mit ihren vielen hundert glänzenden Kuppeln, weißen Minaretten und schwarzen Zypressen daneben ist weit malerischer als die berühmte andalusische Kalifenresidenz, und auch in bezug auf die sprudelnde Wasserfülle und die Üppigkeit der südlichen Vegetation ist die erstere der letzteren weit überlegen. Im übrigen aber hat doch der landschaftliche Charakter beider Gegenden sehr viel Ähnlichkeit, und es legt ein gutes Zeugnis für den Schönheitssinn und das feine Naturgefühl der mohammedanischen Fürsten ab, daß sie ebenso in Kleinasien wie in Spanien die mit den höchsten Naturreizen geschmückte Stadt zum bleibenden Herrschersitz wählten. Das Gegenteil gilt von den christlichen Königen Spaniens, den Gönnern der heiligen Inquisition; denn diese erwählten zu ihrer Residenz das traurige Madrid, mitten auf der öden Hochebene von Kastilien, ohne Wald und ohne Wasser.

Die üppige Ebene von Brussa, die südlich vom Olympgebirge, nördlich von den Höhenzügen des Arganthonios (jetzt Katirli) umschlossen wird, ist ungefähr vier deutsche Meilen lang, eine Meile breit, und fast in ihrer ganzen Ausdehnung teils mit fruchtbaren Wiesen, teils mit Maulbeerpflanzungen bedeckt. Dieser Maulbeerwald ist das große Proviantmagazin für die Seidenraupen, welche Brussas wichtigsten Handelsartikel, die kostbare Brussaseide, spinnen. Zahlreiche, aus dem Olymp hervorquellende Bäche sorgen für beständige Bewässerung der Ebene. Während die Hauptmasse des Olymp nach Süden steil abfällt, strahlen nach Norden von seinem Fuße zwölf gewaltige Bergrücken aus, zwischen denen ebensoviele Schluchten liegen. In jeder Schlucht rauscht ein Bergstrom, der aus tausend Quellen das schmelzende Schneewasser des Olympgipfels sammelt. Diese Bergströme führen auch im heißesten Sommer eine nie versiegende Wasserfülle in das Tal, und darin liegt bei dem köstlichen Klima die Hauptursache der üppigen Vegetationsfülle, wie des poetischen Reizes der herrlichen Gegend. Überall rieseln kalte und warme Quellen aus den Schluchten des Götterberges, Wasserfälle stürzen von seinen jähen Felswänden, plätschernde Brunnen versorgen alle Teile der Stadt, und hier wird der Koranspruch zur Wahrheit:

„Das Wasser hat Leben
Allen Dingen gegeben.“

(Min el — mai
Küllun schejun hai.)

Eine von den erwähnten Schluchten, wegen ihrer himmelhohen Felswände das Himmelstal (Gökdereh) genannt, geht durch den östlichen Teil der Stadt mitten hindurch und ist von einer kühnen Brücke überspannt. Im Grunde rauscht der wilde Bergstrom über Felsentrümmer, während die Felsenmauern an beiden Seiten, unterhalb der Häuser, mit Buschwerk und Schlingpflanzen behangen sind. Eine andere, kleinere, aber ebenfalls sehr malerische Schlucht (Kodocha Naib) durchschneidet den westlichen Teil der Stadt. Zwischen diesen beiden Schluchten erheben sich, mitten über Brussa, auf einer gewaltigen, fast senkrecht abfallenden Felsenterrasse, die Ruinen der Zitadelle und der ältesten osmanischen Herrscherpaläste, derjenigen von Muhammed I. und Murad I., daneben die Moschee Sultan Orchans und die Grabkapellen von Orchan und Osman. Auch vom Marmorbade des Harems sind noch bedeutende Reste vorhanden. Von der alten Festung, der ältesten des osmanischen Reiches, sind nur noch ein paar Mauern und Turmruinen übrig, und im Grase versteckt liegen vier uralte, verrostete, eiserne Kanonenläufe. Wilder Wein und Efeu überziehen wuchernd das zerfallene Trümmerwerk. Gleich hinter der Zitadelle liegt Bunarbaschi, das „Quellenhaupt“, einer der beliebtesten öffentlichen Spaziergänge Brussas. Hier trifft man jederzeit, besonders aber gegen Abend, lustwandelnde oder auf den Rasenplätzen gelagerte Gruppen, die im Schatten alter Platanen ihren Tschibuk rauchen, Kaffee schlürfen und dem Gemurmel der vorübereilenden Bergbäche lauschen.

Unmittelbar an diese reizende Promenade stößt ein Friedhof mit mächtigen alten Zypressen, und wenn wir diesen durchschreiten und dann auf einem anmutigen Felsenpfade den Berg eine Viertelstunde hinansteigen, so kommen wir zu den berühmten Wallfahrtsorten zweier mohammedanischer Heiligen, Murad Abdal und Seid Nassir. Von hier genießen wir bei Abendbeleuchtung eine der schönsten Aussichten über die ganze, zu unseren Füßen liegende Stadt, über die weite grüne Ebene und über die fernen Arganthoniosberge, die im Glanze der Abendsonne sich in das zarteste rosige Gewand hüllen.

Nicht weniger als 365 malerische Aussichtspunkte und anmutige Spaziergänge zählen die Bewohner von Brussa mit Stolz in ihrer herrlichen Umgebung auf, und ebenso groß soll auch die Zahl der glänzenden Kuppeln, der Moscheen und Gruftkirchen sein, die aus dem bunten Häusermeer der Stadt und aus den überall eingestreuten grünen Gärten hervorragen. Doch ist wohl die Mehrzahl derselben jetzt halb verfallen oder ganz zerstört. Immerhin dürften noch gegen 200 Kuppeln vorhanden sein, und diese gehören nebst den schlanken Minaretten und den uralten Zypressen zu den charakteristischen Zierden der Stadt. Die weißen Minarette, die gleich hohen Marmorsäulen über die metallglänzenden Kuppeln der Moscheen emporstreben, stehen in lichtvollem Kontrast zu den düstern, schwarzgrünen Zypressen, welche überall einzeln und gruppenweise in der Stadt und ihrer nächsten Umgebung zerstreut sind. Nie habe ich gewaltigere und ehrwürdigere Zypressen gesehen als hier in Brussa. Verglichen mit diesen mächtigen, uralten Riesen, erschienen mir die berühmten Zypressen der Villa d'Este in Tivoli bei Rom als schlanke Jünglinge. Überaus wirkungsvoll heben sich ihre dichten, schwarzen Nadelpyramiden auf der lichtvollen und farbenprächtigen Landschaft von Brussa ab, besonders wenn die untergehende Sonne diese mit einem zauberhaften roten Glanze überzieht.

Gleich allen anderen Städten des Orients ist auch Brussa im Innern viel weniger anziehend als von außen. Doch zeichnen sich die engen Straßen durch verhältnismäßige Reinlichkeit aus, und die blumenreichen Gärten hinter den Häusern geben ihnen einen freundlichen Charakter. Die Stadt zieht sich über eine Stunde lang am Olympabhange hin, ist aber kaum eine Viertelstunde breit. Die Einwohnerzahl, früher weit über hunderttausend, beträgt jetzt kaum 70000, darunter ungefähr 10000 Armenier, 6000 Griechen und 3000 Juden. Auch einige deutsche Kaufleute leben in Brussa, darunter ein Badenser, namens Schwab, der zugleich das Amt eines deutschen Vizekonsuls vertritt. Wir lernten in ihm einen ebenso liebenswürdigen als fein gebildeten und poetisch begabten Landsmann kennen und denken mit Vergnügen an die höchst angenehmen Abende zurück, die wir in seinem gastfreien Hause verlebten. Ganz besonders erfreut war ich, in Herrn Schwab einen warmen Freund der „Natürlichen Schöpfungsgeschichte" zu entdecken und zu hören, daß er dem „Darwinismus" unter den Anwohnern des asiatischen Olympos schon manchen Anhänger geworben hat.

Unter den öffentlichen Gebäuden von Brussa sind vor allen die von den ältesten Osmanen-Sultanen gegründeten Moscheen und Grabdenkmäler von Interesse, sowohl durch ihren architektonischen Schmuck als durch die daran geknüpften historischen Erinnerungen. Alle die älteren Herrscher der Osmanen-Dynastie haben sich hier durch schöne Kuppeldome verewigt: voran Osman, Ertoghruls Sohn, der als Gründer des Osmanenreichs sich welthistorische Bedeutung erwarb; dann Orchan, der nach langer hartnäckiger Belagerung im Jahre 1326 Brussa eroberte, kurz vor dem Tode seines Vaters Osman; darauf Murad I., welcher den Schrecken der türkischen Waffen nach Europa trug und 1389 in der siegreichen Schlacht auf dem Amselfeld in Serbien fiel. Murads Sohn war Childrim Bajasid, der

„Blitzstrahl", der gewaltige Krieger, der bis in das westliche Ungarn vordrang, 1396 bei Nikopolis den deutschen Kaiser Sigismund schlug, selbst aber 1402 in der furchtbaren Schlacht bei Angora von dem Mongolen Timur geschlagen und gefangengenommen wurde. Auf Bajasid folgte sein Sohn Mohammed I., auf diesem Murad II. und dann Mohammed II., der 1453 Konstantinopel eroberte. Alle diese mächtigen Sultane des Osmanenreiches, die das ganze Abendland mit ihrer furchtbar wachsenden Macht in Schrecken setzten, haben in Brussa eine Zeitlang residiert und Moscheen gestiftet; die meisten sind auch dort begraben.

Auf der Ostseite der Stadt hat Childrim Bajasid seine Moschee erbaut, durch edle Einfachheit ausgezeichnet. Daneben steht sein Grabmal, im ältesten und einfachsten Stil der osmanischen Baukunst. Nicht weit davon erhebt sich auf einem Hügel mit herrlicher Aussicht die prachtvolle Moschee Mohammeds I., die für die schönste des ganzen osmanischen Reiches gilt. Polierte Platten von buntfarbigem Marmor schmücken die Außenwände, so daß der Dom schon von fern wie ein Edelstein glänzt. Ein wundervolles Tor, mit den zierlichsten Marmorarabesken, führt in das Innere, das mit blauen und grünen Porzellanplatten getäfelt ist; darauf prangen Koraninschriften in weißem Schmelz. Der Mirab (die Nische, worin der Koran liegt) ist von rotem Marmor, mit Gold verziert. Auch die Kuppeln und Minarettes dieser wundervollen Moschee waren ehedem ganz mit grünem persischen Porzellan bekleidet, weshalb sie den Namen der „grünen Moschee" erhielt.

Am anderen Ende von Brussa, nahe dem westlichen Eingang, liegt an einem höchst malerischen Platze, von hohen Platanen und Zypressen umgeben, die „Muradieh", die Moschee und Gruftkirche Murads II., daran stoßend ein Dutzend Mausoleen, Kapellen und Schulen. In den Gruftkirchen hängen noch Kleider und Waffen der Sultane und ihrer Familien. Auf den Sarkophagen liegen schwarze Samtdecken, mit Silber und Gold gestickt, davor der Koran und Gebetbücher in prächtigen alten Pergamentbänden mit feiner Malerei. Reizend ist der Garten vor dieser Moschee, in welchem jetzt eben Rosen, Lilien und Jasmin ihre Wohlgerüche ausströmen.

Die größte Moschee von Brussa, auf dem höchsten Punkte der Stadt gelegen, ist vom Sultan Murad I. angefangen, von seinem Sohn Bajasid I. fortgeführt und erst von seinem Enkel Mohammed I. vollendet. Sie bildet ein Quadrat von 200 Fuß Seitenlänge, und ihr Dach ist aus 19 Kuppeln zusammengesetzt. An Stelle der zwanzigsten befindet sich ein mächtiges kreisrundes Fenster und darunter ein großes viereckiges Wasserbecken, in dem Forellen spielen; eine Eigentümlichkeit dieser Moschee. Mirab und Estrade sind mit Marmorarabesken, Pfeiler und Wände mit seltsamen Schriftzügen, Sprüchen aus dem Koran geschmückt. Früher wurde diese Moschee in den Ramasannächten mit 700 Lampen erleuchtet.

Viele von den Moscheen und den andern merkwürdigen Gebäuden Brussas, die Hammer in seinem „Umblick auf einer Reise von Konstantinopel nach Brussa“ (1818) genau beschrieben hat, sind gelegentlich der wiederholten Verheerungen der schönen Stadt durch Krieg, Feuersbrünste und Erdbeben, insbesondere durch das letzte große Erdbeben von 1855, zerstört worden. Unter den wohlerhaltenen Gebäuden sind besonders noch die warmen Bäder zu erwähnen, schön gewölbte Kuppeldome, in denen mächtige warme Quellen sprudeln. Diese Thermalquellen, sieben an der Zahl, brechen aus den Tiefen des Olymp hervor; sie waren schon im Altertum wegen ihrer Heilkraft berühmt und wurden vielleicht für Hannibal die Veranlassung, hier die Stadt zu gründen, die er seinem Gastfreunde und Gönner, dem Könige Prusias von Bithynien zu Ehren „Prusa“ nannte. Noch jetzt werden die Heilquellen Brussas alljährlich von mehreren tausend Patienten aus allen Teilen des Orients besucht. In manche der Bäder werden heiße und kalte Quellen nebeneinander geleitet und nach Bedürfnis in den Marmorbassins gemischt. Die Temperatur ist teilweise ausnehmend hoch und beträgt bei den vier mächtigen Hauptquellen 66 Grad R.

Unter den Ausflügen, die wir von Brussa aus unternahmen, war der weiteste und interessanteste die Ersteigung des Olymp. Am 26. April um 5 Uhr morgens bestiegen wir die starken türkischen Bergpferde, welche uns auf den ungefähr 8000 Fuß hohen Götterberg hinauftragen sollten. Zwei berittene und bewaffnete Türken dienten uns als Führer und als Eskorte. Der klare wolkenlose Himmel und die empfindlich kalte Morgenluft versprachen uns einen schönen Tag, und sie hielten Wort. Nachdem wir die Stadt am östlichen Ende verlassen und eine kurze Strecke durch Weingärten geritten waren, führte uns ein steiler und steiniger Pfad in dem Walde aufwärts, der als dichter grüner Mantel den ganzen unteren Teil des gewaltigen Berges einhüllt. Der nördliche Abhang des Olymp gliedert sich in drei verschiedene Terrassen, von denen die unterste gegen 2000, jede der beiden oberen ungefähr 3000 Fuß hoch ist. Die oberste Terrasse ist fast ohne Baumwuchs, die mittlere mit Nadelholz, die untere mit Laubholz bedeckt; hier unten bestand auf unserem Wege der Laubwald größtenteils aus edlen Kastanien und Nußbäumen, weiter oben gesellten sich dazu viele Buchen und Eichen. Wilder Wein, Waldreben, Brombeeren und andere Schlingpflanzen winden sich in zierlichen Girlanden von Baum zu Baum und dichtes Efeugewand umschließt die altersgrauen Stämme. Der Boden zwischen den Baumwurzeln ist mit einem lachenden Teppich bunter Frühlingsblumen geziert: roten Anemonen, violetten Hyazinthen, blauen Veilchen, gelben Ranunkeln und weißen Narzissen. Der gelbe Jasminstrauch verbreitet mit seinen zierlichen Blütentrauben ringsum balsamischen Duft. Der Weg führt eine lange Strecke an dem steilen östlichen Rande des Gökdereh oder Himmelstales empor, dessen gewaltiger Felsenkessel mit senkrecht abfallenden Wänden in schwindelnder Tiefe zu unseren Füßen liegt. Die granitische Felsenmasse des Olymp ist auf dieser ersten Terrasse zum größten Teile von einem Gürtel von schiefrigem Gneiß umgeben, jedoch ist derselbe an vielen Stellen von weißem Marmor durchsetzt. Auf der zweiten Terrasse tritt fast überall der Granit zutage. Auf der dritten Terrasse ist der rote Granit wieder vielfach von grauem und weißem Marmor bedeckt, der auch den Gipfel bildet.

Nachdem wir etwa eine Stunde lang an der oberen Kante der Himmelsschlucht emporgestiegen waren, erreichten wir an der Grenze der ersten und zweiten Terrasse einen sehr anmutigen Platz. Der Wald ist hier auf eine ausgedehnte Strecke gelichtet und der quellenreiche Felsboden mit üppigem Rasen bedeckt. Das Gebell großer zottiger Wolfshunde, die uns entgegensprangen, lenkte unsere Blicke auf eine Ziegenherde, die in einiger Entfernung am Felsenhang weidete, und daneben wurden wir einige sonderbare Zelte von halbtonnenförmiger Gestalt gewahr. Es waren die Sennhütten turkomanischer Hirten, die den Sommer über auf den Abhängen des Olymp Alpenwirtschaft treiben. Im Winter ziehen sie als unstete, halbwilde Nomaden in der Ebene umher. Ihre Schafe und Ziegen sollen von den Herden Sultan Osmans abstammen, der an 40000 Lämmer auf dem Olymp weiden ließ.

Auf dieser Turkmenenplatte genossen wir einen herrlichen Rückblick über die ganze grüne Ebene von Brussa, tief unten im Grunde der blaue See von Jenischehr, rechts im Hintergrunde die schöne Bergkette des Arganthonios, links jäh zu unserer Seite das großartige Gökdereh. Von der Turkmenenplatte aufwärts führte uns der Weg fast drei Stunden lang über die Granitgehänge der zweiten Terrasse, deren Walddecke meist aus Nadelholz, größtenteils Edeltannen und Lärchenfichten, besteht. Namentlich unter ersteren finden sich prachtvolle alte Stämme von gewaltiger Höhe und Stärke, mit langen, grauen Bartflechten behangen. Große Strecken des Forstes waren durch Waldbrände zerstört, und wie riesige Gespenster ragten die nackten, gebleichten Stämme der hohen Edeltannen mit ihren halbverkohlten Zweigen aus den üppigen Farnkrautbüschen hervor, die sich auf der Brandstätte angesiedelt hatten. Zwischen den Aschenhaufen und den umherliegenden verkohlten Baumtrümmern sproßte neues reiches Pflanzenleben aus den Ruinen der vorhergegangenen Generation empor. Hunderte von kleinen Bächen, von dem schmelzenden Olymposschnee gespeist, rieselten zwischen den Felsentrümmern, und mehrmals mußten unsere Pferde durch reißende Bergwasser schreiten, deren schäumende Wellen bis zu unserem Sattel emporreichten.

Der gewaltige Bergspalt des Himmelstales, auf dessen östlichem Rande sich unser Pfad bisher meistens hielt, findet jetzt seinen Abschluß durch eine kolossale Mauer von himmelhohen Felswänden, die von dem untern Rande der dritten Olympterrasse fast senkrecht abstürzen.

Prächtige Wasserfälle schäumen donnernd zwischen den zerklüfteten Granitpfeilern in die furchtbare Tiefe hinab und lösen sich unten in feinen Wasserstaub auf. Üppige weiche Moospolster bekleiden die hervorragenden Köpfe des triefenden Gesteins. Unser beschwerlicher Pfad weicht der unersteiglichen Felsenmauer, die südwärts von uns liegt, aus und wendet sich mehr gegen Osten, über einen zerklüfteten Abhang hinweg, der über und über mit den großartigsten Felsentrümmern bedeckt ist. Die riesigen Granitblöcke, die hier chaotisch durcheinander und übereinander liegen, sind von früheren Reisenden treffend mit den Wurfgeschossen verglichen, deren sich die Giganten bei ihrem mißlungenen Sturme auf die Götterburg bedienten; oder auch mit den zerrissenen Gliedern der Giganten selbst, die Jupiter mit seinem Blitzstrahl zerschmetterte und in Stein verwandelte.

Mühsam zwischen diesem Granitgetrümmer uns hindurchwindend, gelangen wir zu einer steilen Felsentreppe, über welche unsere wackeren Rosse mit bewunderungswürdiger Geschicklichkeit und Vorsicht hinanklettern. Nur an wenigen Stellen müssen wir absteigen und den guten Tieren selbst mit heraufhelfen. Nachdem wir die steilen, zum Teil in eine senkrechte Felswand gehauenen Stufen glücklich erklommen haben, stehen wir plötzlich vor einem neuen überraschenden Bilde. Vor uns liegt die dritte Terrasse, eine ausgedehnte Hochebene, mit Tausenden von riesigen Granitblöcken bedeckt, hier und da auch mit einigen niederen, ganz verkümmerten Tannen. Über denselben aber steigt in erhabener Majestät der gewaltige Dom des Olympgipfels auf, eine schön gewölbte Kuppe, von oben bis unten in einen schimmernden Schneemantel gehüllt. Zu unserer Rechten liegt am oberen Waldrande vorn ein kleiner, von Gebüsch umgebener, Forellen enthaltender Alpensee. Mein Freund Körner hat diese großartige Szenerie in einem prächtigen Ölbilde verewigt, das jetzt mein Studierzimmer schmückt.

In munterem Galopp reiten wir nun auf dem weichen Moosboden gerade auf unser Ziel los. Doch nimmt der Wasserreichtum des von tausend Quellen getränkten Hochmoores bald so sehr zu, daß unsere Rosse bei jedem Schritte tief in den Schlamm sinken. Wir müssen absteigen und sie vorsichtig hinter uns herziehen, bis wir wieder festen Granitboden unter den Füßen haben. Wir begegnen hier einer langen Karawane von Eseln, die in Zwerchsäcken Olymposschnee herabholen, in Brussa und Konstantinopel die Hauptquelle für das schöne Fruchteis, das die Bewohner im heißen Sommer erquickt.

Langsam über eine fast geneigte, teilweise mit Schnee bedeckte Berglehne aufsteigend, haben wir endlich um 10 Uhr den nördlichen Fuß des kegelförmigen Gipfels erreicht. Hier liegt eine halb verfallene steinerne Hütte, die im Sommer von turkmenischen Hirten bewohnt wird. Sie erinnerte mich an die Casa inglese am Fuße des obersten Aschenkegels des Ätna, in der ich im Oktober 1859 übernachtete, und an die ähnliche Steinhütte, in der ich im November 1866 oben auf dem Pik von Teneriffa rastete, bevor ich die Besteigung des obersten, damals ebenfalls ganz mit Schnee bedeckten Kegels begann. Obgleich die elende Turkmenenhütte uns wenig mehr als ein trockenes Plätzchen inmitten der umgebenden Schneelandschaft gewährte, so war uns doch eine halbstündige Rast in derselben nach dem ununterbrochenen, anstrengenden, fünfstündigen Reiten und Klettern sehr willkommen.

Wir zäumten unsere Pferde ab, breiteten die Satteldecken auf dem zerfallenen Gemäuer aus und zündeten aus umherliegendem Wurzelwerk und mitgebrachten Kohlen ein wohltuendes Feuer an. Bald kochte über demselben ein kräftiger Kaffee, und mit ausgezeichnetem Appetit verzehrten wir den Inhalt unserer Satteltaschen: olympischen Käse und anatolische Hühnereier, Smyrnafeigen und zyprische Orangen. Der treffliche rosenrote Feuerwein aus dem Olymphotel goß neue Kraft in unsere ermüdeten Glieder. Während dieses herzerfreuenden Mahles bewunderten wir den großartigen Ernst der Alpenlandschaft, die uns umgab, und beratschlagten, ob und wie wir die Ersteigung des unmittelbar vor uns liegenden Schneekegels bewerkstelligen könnten. Unsere Freunde unten in Brussa hatten uns zwar vorher schon versichert, daß in dieser Jahreszeit an eine Besteigung des Gipfels nicht zu denken sei und daß wir des Schnees wegen höchstens bis zur dritten Terrasse kommen würden. Auch wollten unsere Führer davon nichts wissen und verweigerten jeden Versuch zur Mitwirkung; ja sie prophezeiten uns sogar sicheren Untergang im Schnee, wenn wir unbegreiflicherweise auf den Gipfel klettern wollten. Indessen lag der schneeblinkende Doppelgipfel so verlockend vor uns, daß wir wenigstens den Versuch einer Ersteigung beschlossen, zumal ein glücklicher Erfolg ähnlicher früherer Wagnisse uns ermutigte. War ich den höheren und steileren Schneekegel des Pik von Teneriffa vor sieben Jahren allein und gegen den Willen der Führer glücklich hinaufgekommen, so mußte auch dieses, offenbar viel weniger schwierige Unternehmen glücken; und so traten wir denn wohlgemut nach halbstündiger Rast unsere Wanderung an.

Das glückliche Gelingen mußte davon abhängen, ob die vor uns liegende steile Schneewand, die in ununterbrochener Flucht von der Turkmenenhütte bis zum Doppelgipfel aufstieg, zugänglich war; ob der Schnee weich genug war, um darin festen Fuß zu fassen, hart genug, um nicht zu tief einzusinken. In der Tat war dies der Fall, und wir konnten ohne Gefahr, wenn auch nur langsam und beschwerlich, im Zickzack über die glänzende Lehne emporsteigen. Unsere kleine Gesellschaft kam jedoch bald auseinander, da sich jeder seinen eigenen Weg suchte. Ich hielt mich am weitesten östlich, zog die kürzeste und steilste Richtung vor und hatte nach anderthalbstündigem anstrengenden Klettern glücklich den höchsten Gipfel erreicht; es war gerade 12 Uhr mittags. Eine halbe Stunde später traf auch der Maler Körner oben ein, der sich seinen Pfad auf einer etwas flacher geneigten Schneelehne gesucht und dadurch einen Umweg gemacht hatte. Unsere anderen Reisegefährten, die eine ungünstigere, zu sehr von der Sonne aufgeweichte Schneehalde betreten hatten, erreichten die Höhe nicht und kehrten nach vergeblichen Versuchen zur Turkmenenhütte zurück, wo unsere Führer bei den Pferden geblieben waren.

Eigentümlich erhebend und großartig war die gewaltige Rundsicht, die wir nun auf dem Gipfel des asiatischen Olymp, in ungefähr 8000 Fuß Höhe über dem Meere, genossen, und die durch das herrlichste, klarste Sonnenlicht begünstigt wurde. Wir standen auf einem anatolischen „Dreiherrenspitz", denn der Gipfel des Olympos bezeichnet die Grenze dreier Provinzen des alten römischen Weltreiches. Bithynien im Norden und Osten, Phrygien im Süden, Mysien im Westen. Vor allem großartig und prächtig ist der Blick nach Norden, wo unser Auge über die grüne Ebene von Brussa und den blauen Golf von Mudania hinüber auf das Marmarameer schweift, auf die Prinzeninseln und weiter bis zum Bosporus, ja bis zu dem Häusermeer und dem Kuppelwald von Konstantinopel, das wir eben noch erkennen können. Westwärts erfreut sich das Auge an den herrlichen grünen Gefilden des fruchtbaren und früher reich bevölkerten mysischen Küstenlandes, aus denen die beiden großen Landseen von Apollonia und Manija wie zwei blinkende Augen glanzvoll hervorschauen. Im Süden hingegen erblicken wir weit und breit nur dunkles Waldgebirge, Kuppen über Kuppen gehäuft, die Gipfel noch mit Schnee bedeckt, ohne eine Spur von menschlichen Wohnsitzen. Ostwärts ist die Rundsicht großenteils durch die benachbarten niederen Höhen des Olymprückens verdeckt.

Welche Ereignisse vollzogen sich auf der welthistorischen Schaubühne, welche unser Auge hier mit einem Blicke meilenweit überfliegt! Welche Fülle der größten historischen Erinnerungen knüpft sich allein an die Wasserstraße zu unseren Füßen, die gleich einem Zauberbande zwei Weltteile trennt und verbindet! Hier führten Xerxes und Darius ihre persischen Heeresmassen nach Griechenland hinüber; hier traten die römischen Legionen von Europa nach Asien über, um die Königreiche von Bithynien und Mysien der Universalherrschaft Roms zu unterwerfen; aus demselben Boden sammelten die ersten Osmanensultane, deren Wiege in Brussa stand, ihre Türkenheere, die in kurzer Zeit der Schrecken Europas wurden; und ebenda strömten wiederum die bunten Scharen der Kreuzfahrer aus allen Landen Europas nach dem „Heiligen Lande", um das leere Phantom der Grabeskirche zu erobern!

Nachdem wir uns an dem wunderbaren Panorama gesättigt und die daran sich knüpfenden Erinnerungen in raschem Phantasiefluge an uns hatten vorüberziehen lassen, warfen wir noch einen Blick auf die nächste Umgebung, auf die weißen Marmorblöcke, die den Gipfel des Olymp bedecken, und auf die winzige Alpenflora, die zwischen denselben den Boden bekleidet. Da erkannten wir, unter der Schneedecke versteckt, zierliche kleine Saxifragen und Gentianen, niedliche Kruziferen und Primeln, Alpenpflanzen, deren schöne, farbenreiche Blüten im Hochsommer den Gipfel des Götterberges mit buntem Schmucke zieren. Gegenwärtig waren nur das im Winterschlaf versunkene Kraut der Zwergflora sichtbar und trockene Früchte aus dem vorigen Jahre. Aber ein Schwarm von niedlichen roten, schwarz getüpfelten Marienkäferchen (Coccionella) tummelte sich im Sonnenschein auf dem schneebedeckten Rasen. Auch eine der beliebtesten und am meisten charakteristischen Pflanzen unserer Hochalpen fehlte nicht: das Edelweiß, oder doch eine diesem nahe verwandte, mit weitem Filz bedeckte Gnaphalium-Art.

Als bleibendes Andenken an die gelungene Olympbesteigung schlug ich mir die Spitze des am höchsten vorragenden Marmorblockes ab und steckte sie zu den Alpenpflanzen in die Wandertasche; vertrauend, daß Vater Zeus darüber nicht zürnen werde, wenn sein Götterberg um einen halben Fuß niedriger ist. Dann trat ich mit meinem Gefährten Körner wohlgemut den Rückweg an. Über die glatte Schneewand herabrutschend, waren wir in kurzer Zeit wieder bei der Turkmenen-Hütte und banden uns hier noch einen schönen Strauß von den bunten Blumen, die unmittelbar am Rande des schmelzenden Schnees blühten: gelber und violetter Safran (Crocus), blaue Meerzwiebel (Scilla) und rote Aurikeln (Primula). Dann setzten wir uns wieder zu Pferde, genossen auf dem Rückwege, der mit mehr Muße zurückgelegt wurde, noch eine prachtvolle Abendbeleuchtung und waren um 8 Uhr abends wieder in Brussa.

Ende.